名家科学眼

施国富 施永帆 编著

时令节气与动手做

农时节气创意手工书

MINGJIA KEXUEYAN

上海科学普及出版社

图书在版编目（CIP）数据

时令节气与动手做：农时节气创意手工书 / 施国富，施永帆编著. — 上海：上海科学普及出版社，2015.7
（名家科学眼）
ISBN 978-7-5427-6244-3

Ⅰ.①时… Ⅱ.①施… ②施… Ⅲ.①二十四节气—青少年读物 ②手工艺品—制作—青少年读物 Ⅳ.①P462-49

中国版本图书馆CIP数据核字（2014）第223547号

策　　划　胡名正
责任编辑　刘湘雯

名家科学眼

时令节气与动手做
——农时节气创意手工书

施国富　施永帆　编著
上海科学普及出版社出版发行
（上海中山北路832号　邮政编码200070）
http://www.pspsh.com

各地新华书店经销　北京市艺辉印刷有限公司印刷
开本 787mm×1092mm　1/16　印张 8　字数 160 000
2015年7月第1版　2015年7月第1次印刷

ISBN 978-7-5427-6244-3　　　　　　定价：29.80元

前　言

时令节气与动手做——来源于传统民族文化遗产

　　我国是世界上最早使用历法的国家之一。二十四节气（一个月有两个节气，一个节气十五天，一年有二十四节气）是我国古代先民根据太阳在一年中对地球产生的影响而概括总结出来的一套气象历法。它自秦汉时期至今已经沿用了2000多年。

　　根据现代气象观测，二十四节气至今仍有着相当高的准确度，成为民间衣食住行的重要参照。在黄河中下游这一中华文明最早的发源地，诞生了二十四节气，证明了中华民族文化的悠久历史和灿烂文明。

　　千百年来，二十四节气指导着我国大部分地域的农事活动，也影响着人们的风尚和习俗，影响着青少年的生活和成长。

　　例如，立春，是二十四节气里的第一个节气。立春后天气开始转暖，预示着农事活动要开始了。在此时民间有打春牛、喝春酒等习俗。打春牛就是在立春日用泥造土牛以劝农事，使人们重视农业生产，不要错过春耕时机。也有用纸条糊纸牛，里面装着五谷，在立春那天，大家举鞭狠打，纸牛倒了，纸烂了，五谷四下流出，象征打出了一年的五谷丰登。在这"岁岁迎春鞭春牛"的活动中，孩子们当然是最开心的了。

　　再如，各地的"数九歌"都和冬至及以后的节气有关。民间从冬至日计日，数到九九八十一日为寒尽。这八十一天，是我国各地天气从较冷到最冷，再逐渐转为暖和的时段，过了"九九"即进入"惊蛰"节气，则是春光明媚的艳阳天了。冬至时不少人家还喜欢绘制"九九消寒图"，一般张贴于堂屋内，常见的是画一枝素梅，上面有花八十一朵，从冬至日起每天用红笔涂抹一朵，至花瓣尽染，则春深矣……

"九九消寒图"既可计算"数九"的日数,也是一种有趣的消寒游戏。还有多种能反映天气情况变化的消寒图,均是一张有科学意义的气象记录图表。这类民俗活动对青少年的成长起着科学启蒙的作用。

还有,节气歌中有"芒种收新麦,处暑摘新棉……"之说,在这些节气中人们除了收获庄稼外,还会利用麦秆、棉花絮等来制作工艺品和玩具,这又是孩子们喜闻乐见的事。

当然,还有与农事无关的其他活动,清明放风筝、立夏吃鸡蛋及做彩蛋、小雪做雪灯、大寒做冰灯等等,也会使孩子们乐此不疲。

"节气"中有太多的民俗活动和民间故事,这些都是我们民族丰富的文化遗产。我们在"保护文化遗产、守望精神家园"的时候,要呼唤对青少年的人文关怀,让青少年通过"动手做"等社会实践活动和"节气"的人文精神联系起来,让青少年积极参与实践活动,与创造华夏文明的祖先沟通,提高精神文明素养,使青少年在继承传统文化中,不断地成长和成熟,成为中华民族走向未来的基石。

根据教育部网站2014年4月1日公布的《完善中华优秀传统文化教育指导纲要》,今后我国将把中华优秀传统文化教育系统融入课程和教材体系,增加中华优秀传统文化内容在中考、高考升学考试中的比重。

愿青少年朋友们在阅读此书中受益,在动手实践中学习民族的优秀文化,增长才智并获得进步。

谨以本书,感谢为《时令节气与动手做》供稿的闵乃世、董光天、童心、刘小地等老师,感谢所有提供资料并给予帮助的专家及科普工作者。

施国富

2015年5月

目 录

春季的节气

1. 塑"春牛" / 2
2. 自制雨量器 / 7
3. 活动蛇玩具制作 / 11
4. 春分测日影 / 15
5. 放飞春天 / 20
6. 牡丹贴花工艺 / 25

夏季的节气

7. 立夏做彩蛋 / 32
8. 蚕茧造型 / 36
9. 麦秆贴画 / 40
10. 北回归线标志模型制作 / 46
11. 做"知了" / 50
12. 荷花工艺制作 / 54

秋季的节气

13. 秋天贴叶画 / 60
14. 萝卜造型 / 65

15. 棉花做玩具 / 68

16. 秋菊纸花工艺 / 72

17. 菱角造型 / 75

18. 螃蟹玩具制作 / 80

冬季的节气

19. 毽子——生命的蝴蝶 / 86

20. 做雪灯 / 90

21. 堆雪人 / 94

22. 绘制九九消寒图 / 98

23. 蜡制梅花 / 105

24. 闪熠冰灯自己做 / 109

中国的阳历

25. 做一个针孔节气仪 / 114

春季的节气

我国传统上把一年分为四季,四季又是由四立确认的:自立春到立夏为春季;立夏至立秋为夏季;立秋至立冬为秋季;立冬至立春为冬季。

春季有三个月,共六个节气:立春、雨水、惊蛰、春分、清明和谷雨。根据科学的规定,春季指气候连续五天平均气温在10℃至22℃的时候,则表明春季开始了。

1. 塑"春牛"

每年阳历 2 月 3 日~5 日间,我国的"立春"节气开始了。

"立春"节气也是我国早期"八节"之一。

立春又称"芒神节",正处于太阳黄经 315°位置,是我国二十四个节气中的第一个节气。立春又是春时的第一天,"立"有见的意思,也就是见到春天了。冬天过去了,春天接踵而来,标志着春天的来临,农事活动亦即将开始。

基本活动

塑"春牛"

立春迎春、鞭春牛,在民间还有一个古老的传说。

相传神农氏出生之前,人们都是靠吃飞禽走兽来维持生命。后来人类繁殖越来越多,飞禽走兽被吃得越来越少,人们时常弄不到食物。神农氏出生后,看到人们这样的生活,决心尝百草分五谷,教大伙儿耕种土地,于是便有了农业。三皇五帝都很重视农事。到周代的时候,农事被提到朝议上,一面制历,一面责令地方官每年要举行迎春仪式。立春的前一天,地方官就洗好澡,穿上素服,步行到郊外,聚集乡民,设桌上供,烧香磕头。在供桌前做一个土牛,让扮做勾芒神的人举鞭打土牛。土牛称做"春牛",意思是打去春牛的懒惰,迎来一年的丰收。

把土牛当春牛,也不知鞭打了多少年,后来开始打纸牛了。用纸糊头牛,里面装着五谷,也称纸牛为"春牛"。在立春那天,叫"勾芒神"举鞭狠打,

鞭春牛

牛倒了，纸烂了，五谷四下流淌，象征打出了一年的五谷丰登。

现在让我们用纸来糊头春牛吧（也可以叫塑"春牛"）。

材料

细铁丝、废纸片、糨糊、泡沫塑料。

工具

尖头钳、剪刀、小镊子、小刷子、彩笔。

制作

1. 按图1用细铁丝弯一个牛身的线型图案。

2. 按图2加上铁丝弯成的两个牛脚。

3. 再按图2弯折另一个牛身的线型图案，然后按图3将两个牛身线型弯折成一个牛的立体造型，头部左右留两空洞，准备装牛角。

4. 用细铁丝构架成一个立体春牛（图4），并装上牛角。

5. 把废纸片浸入糨糊中，浸透后用小镊子将废纸塞入牛的身体里，吹干（图5）。

6. 将白纸糊牛身，吹干（图6）。

7. 涂色绘画，一头春牛就塑成了（图7～8）。

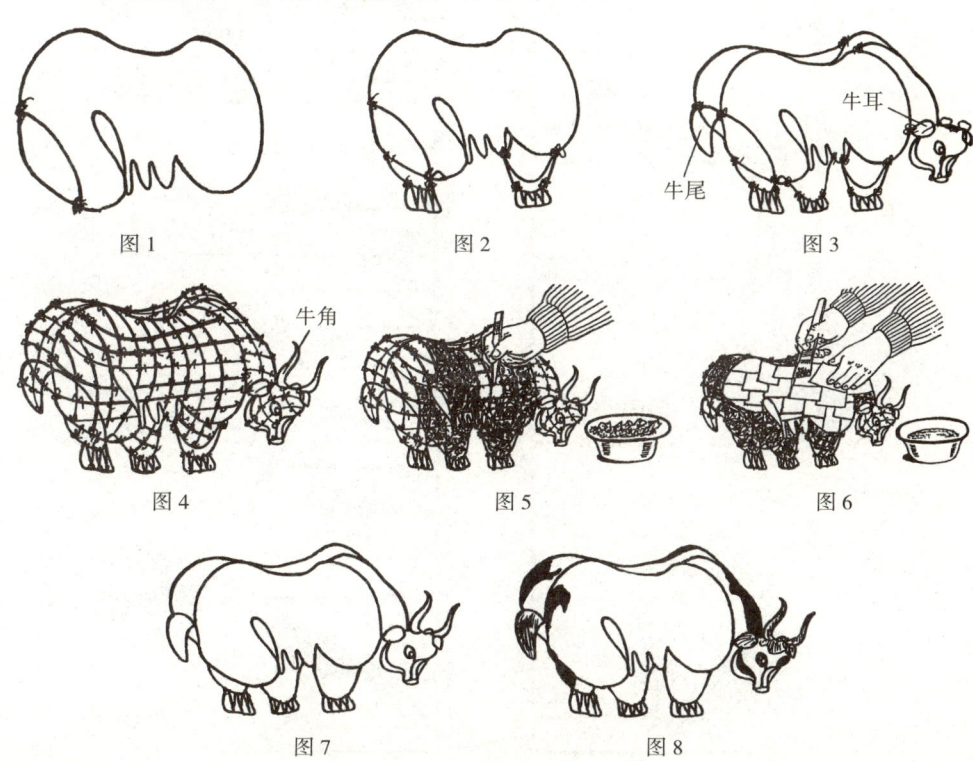

塑春牛

探究活动

春季物候的探究

立春以后,春天什么时候悄悄来到我们身边?同学们可以观察自然界的动植物和环境的变化,进行物候观测。

我国著名气象学家竺可桢几十年如一日地进行物候观测。1965年,他通过观测对北京颐和园春季的物候绘出了"春季物候图"。

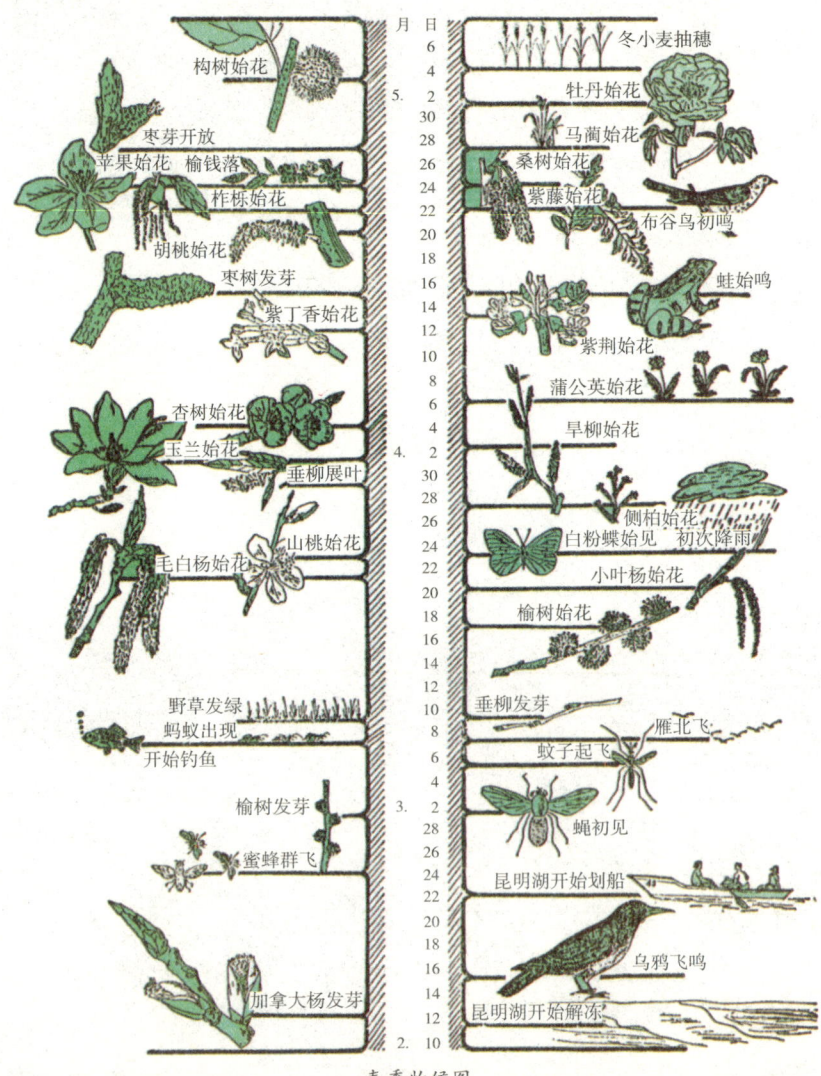

春季物候图

我们可以学习竺可桢先生，到当地的一个公园，或就在自己的学校和社区，对植物、动物、气象、水文进行春季物候观测。然后整理一下我们的观测记录，和1965年竺可桢先生的观测进行比较，看看有什么不同，写一篇观测报告。

相关链接

1. 立春

二十四节气之一。明王象晋《君芳谱》："立，始建也。春气始而建立也。"民间习惯把它作为春季的开始，在黄河中下游地区土壤逐渐解冻，气温缓慢上升，万物开始萌发。农谚："立春三日，百草发芽。"又为民间传统节日。

2. 古时立春物候

东风解冻，蛰虫始振，鱼陟负冰。

立春第一候是"东风解冻"，是说东风的吹拂使大地开始解冻，这是万物复苏的先声。

立春第二候是"蛰虫始振"，"蛰"是密藏的含义，指的是蛰伏在土地中的众小虫都陆续苏醒，开始蠢蠢欲动。

立春第三候是"鱼陟负冰"，"陟"是上升的意思，鱼儿因为水温渐升，就浮游跃升到水面畅游，水面上尚有未完全溶解的碎冰片，就如同被鱼儿背负着一样。

知识窗

春光何时到你家

人们习惯认为"立春"是春天的开始。此时，海南省固然是一片大好春光，而东北地区仍是大雪飘飘的严寒天气。虽然2、3、4月定为春季，但各地区气温仍有很大差别。

要知道春光何时到你家，首先要给春天定一个标准。我国习惯规定，每五日为一"候"，每"候"的平均温度介于10℃～22℃之间者，前半年为春季，后半年为秋季，高于22℃为夏季，低于10℃为冬季。有人会问：为什么要这样规定呢？科学研究证明：春季10℃～22℃之间的气温，正是万物萌生、发育、成长的大好时节。

有了这把"尺"，不管你家住在哪里，都能准确测出春光何时到你家。根据这个标准在全国多年测量的结果，可知海南省常年无冬，藏北高原终年无夏。每年

3月中旬，"春姑娘"在东南沿海登陆，由南向北，每天以约100公里的速度向前推进。3月下旬到达江南，4月初进入华北，4月底达到东北平原。地处内陆的新疆，5月初始能见到明媚的春光，至于纬度最高的黑龙江漠河地区和海拔最高的青藏高原，要到6月1日前后，始能遇到艳阳高照的春光。

· 名人认知 ·

竺可桢（1890～1974）

中国气象学家、地理学家和教育家。我国现代气象事业创始者。浙江绍兴人。

曾任中国科学院副院长、中华全国科技协会副主席、中国气象学会名誉理事长、中国地理学会理事长等职。对中国近代气象学和地理学的建立和发展做出了贡献。他在研究物候学和自然科学史方面著有论文多篇，并重视和带头参加科学普及工作。著有《竺可桢文集》。

2. 自制雨量器

每年阳历 2 月 18 日～20 日间，我国的"雨水"节气开始了。

立春之后太阳黄经 330° 的位置，就是雨水。此时我国大部地区严寒将过，雨量逐渐增加。

有农谚告诉我们：雨水有雨庄稼好，大春小春一片宝。

基本活动

自制雨量器

雨量器是测量降水深度的仪器。我国很早就发明了雨量器，古代称为"圆罂"、"天池盆"，它的外形像一个瓶子或盆子。13 世纪以后，我国有了统一形状的雨量器分发到全国使用。清朝乾隆庚寅年（1770 年）制造的"测雨台"由黄铜制成，器身高 1 尺，口径为 8 寸，还附有铜制的量雨标尺等器具。

现代雨量器一般包括内、外圆筒和水漏斗三部分。

我们可以自制一个雨量器：外圆筒可用铁皮、铝皮或塑料筒自制（直径在 15～25 厘米左右），再配上一个内圆筒形容器和水漏斗就做成了一个雨量器。

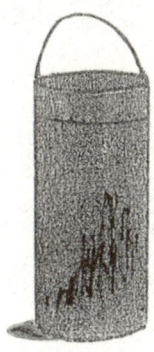
内圆筒

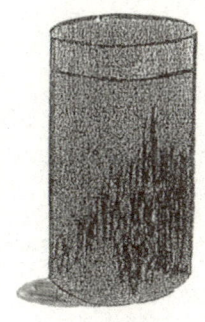
外圆筒

水漏斗

雨量器三部分

雨量器的安置和使用

雨量器应安置在远离建筑物和树木的地方，半埋于地下，筒身高出地面使水花溅不到。雨水通过上方的漏斗，流进里面的圆筒内。

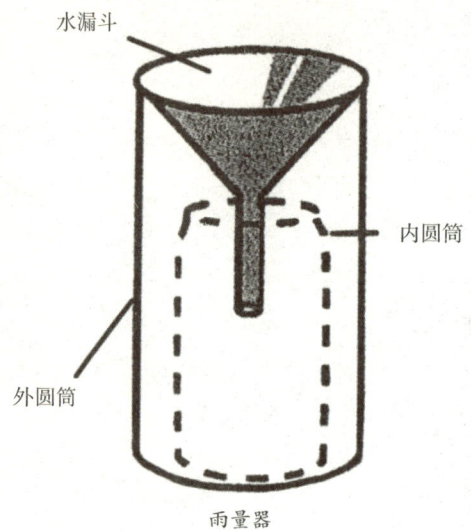

雨量器

雨量器口径必须保持水平，以保证测量的准确性。

我们将每天所收集到的雨水倒入量杯中度量（所用单位是毫米），就能得知雨量是多少。当遇有固体降水（如雪、雹等）时，事先必须将漏斗及内圆筒拿掉，直接用外圆筒承接，然后把外圆筒带回室内，待固体降水融化后再测量，或用蒸发台秤测量。也可以冲入定量的温水，使固体降水物完全融化后再用雨量杯量取，但量得的数值须扣除加入的温水量。

如果没有量杯，可以用 $H = 10 \times V/S$ 的公式来计算雨量：

H= 雨量（毫米）

V= 内圆筒水的体积（立方厘米）

S= 外圆筒的口径（平方厘米）

探究活动

雨量强度和年雨量的测定

1. 请你参考表一，测定学校所在地某个雨天的雨量强度。

（表一）

强度	雨量标准（毫米）	
	以每小时降水量计算	以24小时降水量计算
小雨	<2.5	<10
中雨	2.5～8.0	10～25
大雨	8.0～16	25～50
暴雨	>16	>50
阵雨	12小时内累计下雨时间不到3小时	

2. 请你参考表二，测定学校所在地一年的雨量，并添绘在表上，作分析比较。

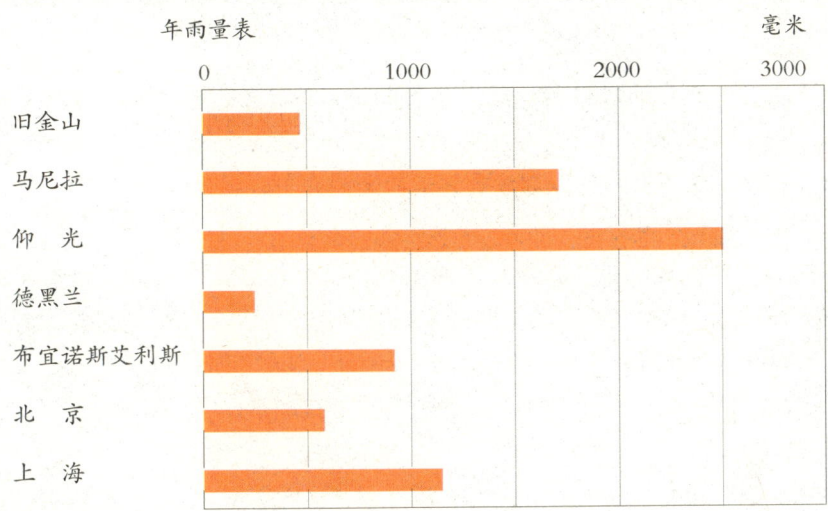

(表二)

相关链接

1. 雨水

二十四节气之一。此时我国大部分地区严寒正在远去，雨量逐渐增加。根据统计，黄河流域中下游开始下雨的日期，西安平均在2月17日（阳历），济南在2月10日，开封在2月3日，一般多在2月10日前后，与雨水节气大致符合。雨水节气一到，冬去春来，气温开始回升，湿度逐渐增大，草木萌发，加上冷空气还不时南下，江南一带，雨日和雨量都明显增加，雨水节气算得上是名副其实了。

2. 古时雨水物候

獭祭鱼，候雁北，草木萌动。

雨水第一候是"獭祭鱼"，形容水獭捕到鱼后陈列于水岸上，好像先祭而后食之。

雨水第二候是"候雁北"，雁是以北方为栖居之地，自北往南飞谓之"来"，而自南往北谓之"北"。七十二候的源地正是中国华北地区，雁鸟栖息之北显然是更北更远的地方，即现在的中国东北部或西伯利亚一带。

雨水第三候是"草木萌动"，是因这时天气下降，地气上升，天地和同而草木出现生机，正是阴阳交泰万物生长的时机。

知识窗

1. 雨天

黑灰色乌云出现的时候，就是即将下雨的明显征兆。云团如此阴沉是因为云层很厚，充满水汽，阳光无法穿透的缘故。能够降下倾盆大雨的云层往往十分浓厚、阴暗而且庞大。在热带地区，形成雷阵雨的大型积雨云常厚达15千米，能在一个下午落下数百毫米的雨量。

不同云层所引发的雨势强弱及时间长短，差异相当大。例如，颜色较淡、较薄的雨层云引发的雨势不强，却可持续下好几个小时，甚至好几天之久。高度较低的层云则会造成持续性毛毛雨（雨滴直径小于0.5毫米），让四周景物犹如笼罩在雾气里。

2. 雨日

发生降水的日数。气象观测规范规定：凡一日内降水量达0.1毫米或以上者，称为"雨日"。固体降水如雪、雹等，融化后其水量达到以上标准的，除统计为"雪日"、"雹日"外，也都算为"雨日"。一地雨日的多少及其出现的日期，直接关系到农业生产的丰歉。北方麦区，如在三个关键期（小麦籽粒形成期、灌浆的前期和后期）有三场好雨，则有利于小麦增产丰收；而南方麦区如雨日过多，容易发生渍害、病害和倒伏，往往导致减产。中国雨日最多的地方是四川峨眉山，每年平均264天；雨日最少的地方在新疆吐鲁番，平均不足10天，1967年只有6天。

3. 酸雨

雨滴下落时，混进了由工厂排放出来的硫氧化物和氮氧化物，而使雨水含有硫酸和硝酸等成分，称作酸雨。酸雨会引起环境恶化，使土壤酸化而降低作物产量，对人类健康也有影响，所以它是一种灾害性天气。

英国、法国和比利时的工业区，在20世纪80年代释放了数百万吨硫化物到大气中。德国和斯堪的纳维亚诸国均为西南风盛行的地区，它们的森林、河流和湖泊都受到了酸雨的严重损害。

广角镜

1984年，由19个国家组成的"百分之三十俱乐部"，一致同意在10年内削减硫化物排放量的30%，以减轻酸雨的危害。但是，若干最严重的污染源国家，包括英国和美国，都拒绝加入该组织。

3. 活动蛇玩具制作

每年阳历 3 月 5 日～7 日间,我国的"惊蛰"节气开始了。

雨水之后太阳黄经 345° 的位置,就是惊蛰。惊蛰节气时,有雷鸣,处于冬眠的青蛙、蛇等动物开始苏醒了。

基本活动

做纸蛇

材料

320 毫米 ×60 毫米铅画纸 2 张、细铁丝若干、胶水。

工具

铅笔、彩笔、剪刀。

制作

1. 取铅画纸一张,按图 1 尺寸粘卷成长圆筒,并把它分成八等分。

2. 把长圆筒压扁,按图 2 在每个等分上用铅笔画成菱形,把它们剪下来,然后再拉开(恢复圆筒状)。

3. 把每节菱形圆筒按图 3 用细铁丝(或大头针)把它联接起来。先把细铁

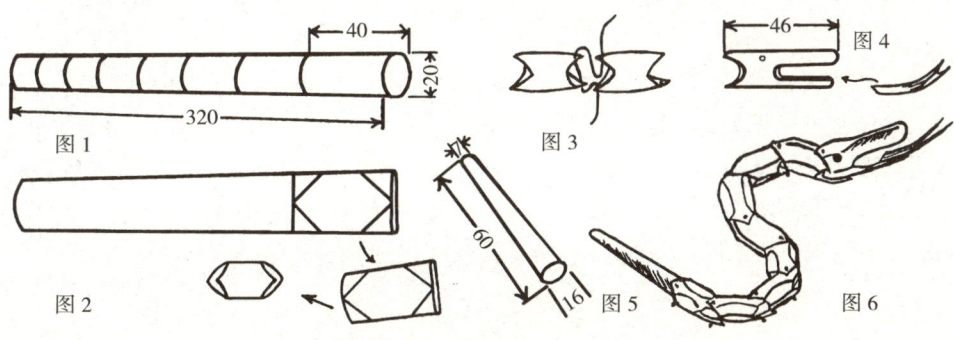

做纸蛇

丝一头弯成一个很小的圆圈,接着把它穿过每一个菱形圆筒两边,然后在细铁丝另一头再弯成一个小圆圈。细铁丝不要扣得太紧,两个圆筒之间要能够灵活地转动。

4. 再按图4的形状、尺寸做成蛇头,再用细铁丝把它联接在前端蛇身上。

5. 按图5的形状尺寸做蛇尾,做好以后用细铁丝把它联接在后端蛇身上(图6)。

6. 最后,在蛇身上涂黑白相间或花蛇的色彩。

玩时手执蛇尾,左右轻轻摆动,纸蛇就会游动起来,宛如真蛇!

探究活动

"惊蛰蛇出洞"的探讨

先请你阅读一篇参观一个养蛇场观察惊蛰蛇出洞的短文:

今年惊蛰是3月6日10时54分。这天上午九时半,我们来到松江红星养蛇场看蛇出洞。

红星蛇场专养蝮蛇,半亩地大,四周高墙紧围,内分四格,地上植有低矮长绿灌木,还有水池,沿壁建有水泥蛇穴和放有瓮穴,2 000多条蝮蛇冬眠其中,中间筑有"炮楼"似的观察台,可以俯瞰全场。

场长陆国锦手持竹竿钩儿走在前头,我们战战兢兢地跟在后面,至一墙角处,他用竹竿钩儿一层一层地把覆盖在蛇穴上的稻草揭去,便显露出一只只卧放的瓦瓮来,只见瓮口处伸出无数蛇头,张口吐信,好似万箭待发,看了真有点吓人。"别害怕,现在它们是不会袭击人的。"场长平静地说:"今天惊蛰,我一早就来这里观察它们的动静,昨天还是死沉沉的,今晨6时50分一声惊雷把它们'唤醒'了。原来几十条蛇盘曲成团用竹竿挑也挑不开,被雷声一震,忽然松散开来,僵硬的身子变得有伸缩功能,蛇头便不约而同地探向瓮口,少数特别强壮的已脱群出洞了。"

说来真有点神。10时54分一到,这些被雷声惊醒的蝮蛇,便争先恐后地出洞,有的缓缓地爬上草帘晒太阳,有的在草地上蜿蜒游动,有的在地上翻个身后又盘成一团,像要寻找猎物似的。"喂些食给它们吃吧。"没等启口,场长已把事先准备好的泥鳅丢给它们,可没有一条吃的。这也许是刚刚苏醒过来还没有"胃口"吧。据说,蛇的耐饥力很强,饱餐一顿后可以几个月甚至一年不吃。

……

2006年3月13日(作者:石镇国)

相关链接

1. 惊蛰

惊蛰意即"昆虫苏醒了"。此时，春风微吹，大地渐暖，沉睡了一冬的昆虫和其他冬眠动物（如蛇、青蛙等）也慢慢苏醒并爬出地面活动。以农为本的古代中国人早就观察到这一物候现象，恰如其分地把农历二月初的节气称作"惊蛰"。

2. 古时惊蛰物候

桃始华，仓庚鸣，鹰化为鸠。

惊蛰的第一候是"桃始华"，"华"是花的古字，植物的花芽也与万物一般，严冬蛰伏，而春暖时桃花首先在惊蛰时分怒放。

惊蛰的第二候是"仓庚鸣"，仓庚也写做"鸧鹒"，是指黄鹂鸟。黄鹂感春阳清新之气而在此时飞出来。"仓"表示清，而"庚"表示新，古人以"仓庚"命名之，形容黄鹂鸟在清新的阳气中飞出而鸣叫。

惊蛰的第三候是"鹰化为鸠"，"鸠"究竟是斑鸠或布谷有不同的说法，这一候形容二月时老鹰不见了，只有斑鸠飞出来，古人以为斑鸠是老鹰变幻而成。

知识窗

1. 冬眠

有些动、植物在不良的环境条件下生命活动极度降低，进入昏睡的状态。这时，休眠的动物不吃不动，心跳缓慢，呼吸微弱，体温下降。寒冬时，许多落叶植物脱去枯黄的枝叶，不再继续生长，也进入休眠。这是动、植物对外界不良环境的一种适应。等不良环境过去后，又重新苏醒过来，照常生长活动。

蛇在冬眠的时候，往往有几十条甚至成百条挤在一起，这样可以使体温少降低 $1 \sim 2℃$，还可以减少水分损失。

黑熊冬眠，三个月不吃不喝，每分钟呼吸两三次。别看它呼呼大睡，一有惊动就能奋起自卫。每隔一定时间，还会醒来晒晒太阳。

有的淡水鱼也冬眠。鲤鱼常常在河水底部过冬，几十尾聚集在水下低洼处，春天才"复苏"。

2. 雷电的形成

雷鸣电闪，气势猛烈。当它来临时，大多乌云密布。

雷电是自然界放电现象，这说明空气中蕴藏着巨大的能量。

下图说明了雷电的形成过程。

雷暴天气是怎样形成的

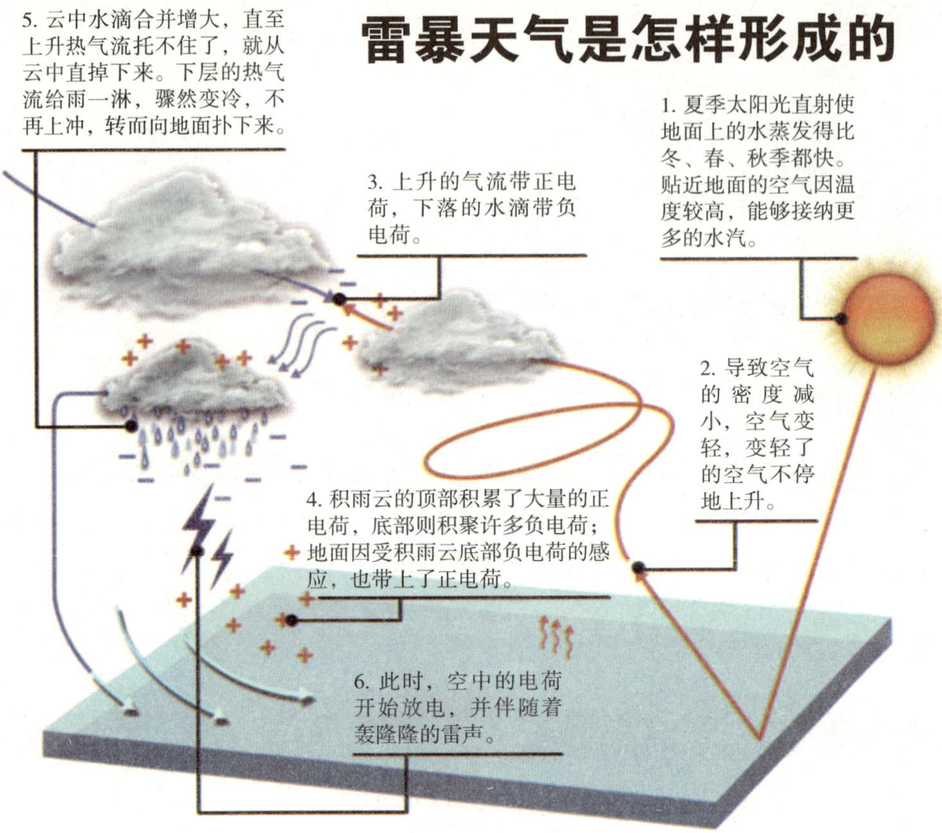

5. 云中水滴合并增大，直至上升热气流托不住了，就从云中直掉下来。下层的热气流给雨一淋，骤然变冷，不再上冲，转而向地面扑下来。

3. 上升的气流带正电荷，下落的水滴带负电荷。

1. 夏季太阳光直射使地面上的水蒸发得比冬、春、秋季都快。贴近地面的空气因温度较高，能够接纳更多的水汽。

2. 导致空气的密度减小，空气变轻，变轻了的空气不停地上升。

4. 积雨云的顶部积累了大量的正电荷，底部则积聚许多负电荷；地面因受积雨云底部负电荷的感应，也带上了正电荷。

6. 此时，空中的电荷开始放电，并伴随着轰隆隆的雷声。

雷电的形成

闪电时伴随着雷声。

闪电和雷声是同时发生的，闪电在空气中传播的速度快，我们先看到。而雷声的传播速度比闪电慢得多，所以闪电过后我们才听到雷声。

拓展思考题

1. 蝮蛇为什么要冬眠？
2. 蝮蛇在冬眠时为什么要"盘曲成团"？
3. 刚苏醒的蝮蛇为什么没有"胃口"？

4. 春分测日影

每年阳历 3 月 20～22 日间，我国的"春分"节气开始了。

"春分"节气也是我国早期"八节"之一。

惊蛰之后太阳黄经 0°的位置，就是春分。一年之中也只有春分日与秋分日，太阳是由正东升起，正西落下，且昼夜平分。

在春秋时期，人们就已经利用土圭（竿），测量日影的变化，据此定出二分（春分、秋分），二至（夏至、冬至），把一年圭影最长的一天定为夏至、最短的一天定为冬至，再把冬至和夏至之间的圭影长短之和的一半的一天定为春分。

春分节气时阳光明媚，万物欣欣向荣，处处给人以美的享受。因此"春分祭日"成为我国古代最早的祭祀习俗之一。

测日影

基本活动

做个太阳钟

我们知道古人是看太阳定时间的，而圭表就是古代人们利用太阳影子来测定时间的装置，是古人认识自然，利用自然的一个科学成果。

我们也可以自己动手做一个"圭表"，现在叫作太阳钟的小作品。

材料

120 毫米 ×120 毫米 ×20 毫米泡沫塑料一块、100 毫米 ×100 毫米卡纸一张、80 毫米长细竹丝一根。

制作

1. 在卡纸上制图，标上东南西北四个方向。

2. 把卡纸粘合在泡沫塑料上，做成太阳钟的底座；把细竹丝垂直插在底座中心位置，制成一个太阳钟。

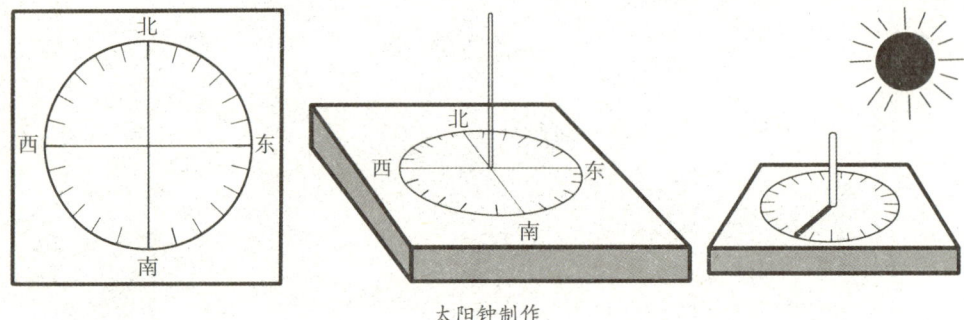

太阳钟制作

实验

将太阳钟按东西方向放平，在阳光下就会出现竹丝的影子投影在钟面上。当太阳升起时，请你每隔一小时在竹丝对着的那条线上写上当时的时间。

1. 请你思考影子的移动说明了什么？
2. 夏季，竹丝的影子短；冬季，竹丝的影子长，这又说明了什么？

探究活动

世纪日晷的仿制

我国的日晷（也称日规）起源于圭表，是一种测天体方位的定时刻的仪器。下图是小日晷。

小日晷

新世纪来到之际,上海市浦东新区世纪大道出现了一尊世纪日晷,真是别具匠心,既突出了科技含量,又点明了新世纪继往开来的主题,引起了青少年对日晷的关注和探究。

现在请同学们寻找材料仿制一个世纪日晷,这样的仿制也是要好好思考一番的。

上海浦东新世纪日晷

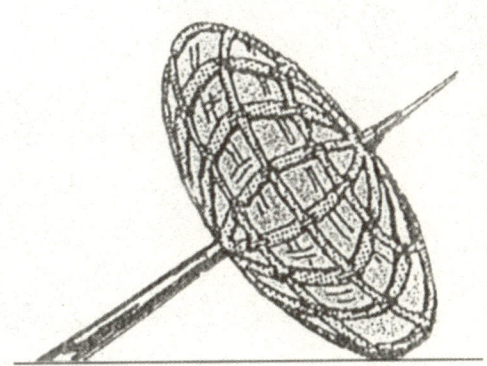
仿制参考图

相关链接

1. 春分

春分与立春一样,是列位最早的八节之一。在春秋四季还未命名前,春分日最早称之为日中(《尧典》)、日夜分(《礼记·月令》),到《淮南子》中才出现"春分"的名词。不论日中或日夜分,都说明了这一天昼夜等分。

春分是北半球由昼短夜长转为昼长夜短的一天。

春分后,我国大部地区的越冬作物进入春季生长阶段,华中农谚有:"春分麦起身,一刻值千金。"这一节气也是紧张的农忙季节,俗有"春分不耙地,就要误农事"的说法。春分期间,冷暖空气角逐,回暖过程中包含着"降温春寒"。

2. 古时春分物候

元鸟至,雷乃发声,始电。

春分第一候是"元鸟至",也有人用"玄鸟"描述,指的是燕子。燕与雁不同,燕子是春分来、秋分去的候鸟。

春分第二候是"雷乃发声",应该与第三候"始电"并置在一起,古人并不知道光速远远快于音速,雷电源起在同时一体。"始电"之后接"蛰虫咸动开户始出",可用"蛰虫启户"为春分第三候,其意思为昆虫破卵而出,开始活动。

知识窗

地球钟的原理

人类生活在地球上。由于地球的自转，我们从地面上向外看，外边的太阳和星星就由东方升起，西边落下了。这好像你在公园里坐转椅，转椅转一圈，你看到的却是公园里的孩子们转了一圈。

看太阳或者看星星定时间，实际上是按照地球的转动来确定时间。我们的地球从西向东转动一周，我们就看到太阳东升西落一次，日影也就有了一天的变化。"太阳钟"、"日影钟"实际上就是一座"地球钟"。

就是在现代，人们计量时间还要依靠"地球钟"呢！

"嘟、嘟、嘟……北京时间7点整。"这是中央人民广播电台发出的报时声。广播电台是管理时间的部门吗？不是。它们报告的时间是从天文台来的。

人们用巨大的天文望远镜和照相机观测着空中的星星。天上的恒星很多，从地面看上去它们每天东升西落，某个时刻是哪颗恒星经过头顶则是一定的。天文工作者通过大量的观测，再经过精确的计算，就可以定出相当精确的时间了。你想想，这和古代的"太阳钟"、"日影钟"有没有类似的地方？

地球绕着太阳转一圈，叫地球"公转"一周。地球公转一周的时间就是一年。地球公转到不同的位置，地面上的季节和日夜的长短就不同，所以每逢夏天，白天总比夜晚长，每到冬天则夜长日短了。

小博士

1. 古代的圭表

古代用来测量日影长度的一种仪器。它由两部分组成。一是直立在平地上的标竿或石柱（汉以后改用铜制），叫做表；一是朝正南、北方向平放的尺，用石或玉制成，汉以后改用铜制成叫做圭。表放在圭的南、北端，圭和表互相垂直，组成圭表。表影在正北的瞬间就是当地真太阳的正午。根据正午时表影的长度，就可以推定二十四节气。

圭表是我国最古老、最简单的一种天文仪器，创制年代已无法查考。多称古代表高8尺，历代对表高和圭长不断有所改变。元代郭守敬增加表高到36尺，同时，把圭的长度相应地增加到128尺，这条长圭被称做量天尺。明代万历年间制作的60尺高表，是我国历史上最高的表。南京紫金山天文台现存有一具圭表，是明

古代圭表

古代日晷

代制造的。

2. 古代的日晷

又称"日规"。古代利用日影方向和长度的变化来测量真太阳时的一种仪器。我国的日晷起源于圭表，汉代及后来很长的一段时期内，都把由圭表测得的太阳影长也称为日晷，直到元明以后才把测天体方位以定时刻的仪器称为晷。

日晷由一个带刻度的盘（称为晷面）和一根装在盘中央与盘面垂直的晷针所组成。根据晷针影子落在晷面上的方向，就可以测定当时的地方太阳时。

19世纪末和20世纪初，我国先后在内蒙古、河南等地发现了几块秦汉时代带刻度的石板。有人认为它是一种日晷，有人则认为它是测定方向用的一种仪器，同时也可当日晷用。我国第一个明确可靠的日晷记载见于《隋书天文志》，那是隋元皇十四年（公元594年）袁充发明的短影平仪。

图中是一种清代制造的石质赤道式日晷。

5. 放飞春天

每年阳历4月4日~6日间，我国的"清明"节气开始了。

春分之后太阳黄经15°位置，就是清明。"清明"节气形成于战国时代，至唐宋后，清明被"编入利典，永为常式"，全国放假数天，让大家过一个明净清爽的节日。

古时清明时分就有踏青、蹴鞠、放风筝、荡秋千等习俗活动。

放风筝不仅能健身，还能愉悦心情，当然，你能自己动手设计做一个风筝去放飞、去奔跑，在大自然的怀抱中尽情地喊，舒心地笑……那是一件多有趣的事呀！

基本活动

人形风筝制作图

1. 按图1尺寸绑扎成一个人形风筝骨架。材料用竹条。两横条的竹条粗为3毫米×5毫米、一鱼状竹条3毫米×3毫米。

2. 把左边两横条弯折成弧形扎牢，右边也一样。

3. 在骨架后粘衬人形纸，并贴三片加强纸和一片厚毛边纸，最后把左边A、B两角翻转粘牢，右边也一样。

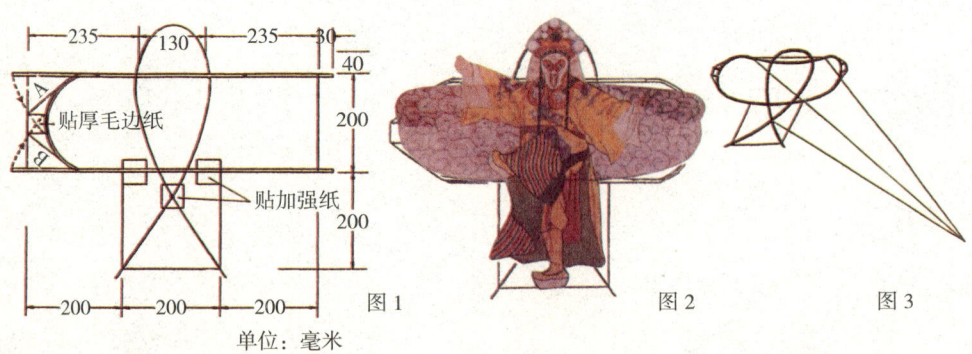

人形风筝扎制作

4. 按图2绘制一人物形像（最好用韧性强的宣纸），糊在骨架上。注意不宜将纸拉得过紧，以防变形。

5. 按图3绑三根鹞线（二上一下）就能放飞了。

提示

1. 鹞线绑扎的三个点见图1的圆黑点。

2. 放飞时可以粘上一根飘带。

3. 在制作放飞活动中注意安全。

放飞风筝

放飞风筝时，放线和收线需要绕线轮来帮忙。绕纸轮也是可以自己做的。

找些三夹板、小木条、自行车钢丝、长螺丝和小木柄等材料，按图示意做一个绕线轮。

在加工三夹板和木柄（钻孔）时，注意安全。

要让风筝放飞得高、稳、远，留空的时间要长，你可要好好实践探索一番。

1. 放风筝时要选个风向比较稳定、风速平衡的天气。软翅风筝可在微风中放飞；硬翅风筝要在3～4级风中放飞。

2. 放风筝时可以边跑边抖动着风筝线，人要迎风侧着身子跑，这样风筝容易起飞。如两个人放飞时，可一个人拉线，另一个人举起风筝，起飞后当手上感到线上产生一定的拉力时，即可慢慢放线，让它自己上升。若风力太小，可适当抖动线来使风筝上升。

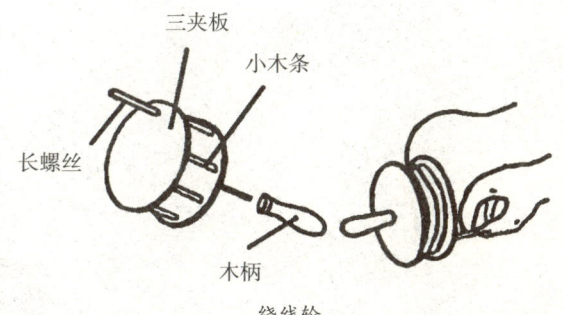

绕线轮

3. 放飞时，如出现风筝在空中快速旋转，这是风筝两边做得不对称；如风筝倾斜，可向相反方向拉放飞线；如风筝快速下降，应及时放线，让它稳住后再抖动线让它上升；如风筝拉力很大，只飞远不飞高时，是上提拉线过长，可缩短它；如一拉放飞线，风筝就向前俯冲，可将上提拉线加长；如它倾斜飞行时，可能是它两边的尺寸、重量和形状不对称，可调整一下提拉线的位置；如风筝会突然掉头往下扎，可在尾部加上配重。

探究活动

"海宝"风筝设计

"海宝"是上海世博会的吉祥物。"海宝"意为"四海之宝",以蓝色为主色调,代表着地球、梦想、海洋、生命、未来、科技,与上海世博会"城市,让生活更美好"的主题高度契合。

2010年5月1日是上海世博会开幕的日子,这是我们值得纪念的日子。

那么,我们就参考海宝的形象来设计一个"海宝"风筝。

1. 用竹丝参照图1扎成海宝的身体骨架(尺寸大小你自己决定),手掌部分扎成两圆圈,竹丝弯曲有困难时,可将竹丝先在水中浸泡1小时以上,再放在蜡烛火上烘烤,弯成需要的形状,接头处用细线扎牢,并在线上涂些糨糊,以防脱开。

2. 按图2用薄竹片扎两个海宝的眼框,中间穿一根轴,两面贴上眼珠,做成眼睛会动的海宝风筝。

3. 在骨架上用糨糊裱糊蓝色薄纸(图3)。

4. 在风筝A、B、C三处(图4)绑三根鹞线(上二下一),一个海宝风筝就做好了,开始放飞吧!

图1　　　　图2　　　　图3　　　　图4

"海宝"风筝设计参考图

相关链接

1. 清明与清明节

清明一到春回大地,神清气爽,一年的劳作从此开始,春耕春种,开始忙碌。从中国历法上来看,清明是我国的二十四节气之一。由于二十四节气比较客观地反映了一年四季气温、降雨、物候等方面的变化,所以古代劳动人民用它安排农事活动。《淮南子·天文训》云:"春分后十五日,斗指乙,则清明风至。"按《岁时百问》的说法："万物生长此时，皆清洁而明净。故谓之清明。"清明一到，气温升高，雨量增多，正是春耕春种的大好时节。故有"清时前后，点瓜种豆"、"植树造林，莫过清明"的农谚。可见这个节气与农业生产有着密切的关系。

但是，清明作为节日，与纯粹的节气又有所不同。节气是我国物候变化、时令顺序的标志，而节日则包含着一定的风俗活动和某种纪念意义。

清明是我国传统节日，也是最重要的祭祀节日，是祭祖和扫墓的日子。扫墓俗称上坟，是祭祀死者的一种活动。汉族和一些少数民族大多都是在清明时节扫墓。

清明节还有许多丰富有趣的习俗，除了讲究禁火、扫墓，还有踏青、荡秋千、蹴鞠、打马球、插柳等一系列风俗体育活动。相传这是因为清明节要寒食禁火，为了防止寒食冷餐伤身，所以大家来参加一些体育活动，以锻炼身体。因此，这个节日中既有祭扫坟墓生别死离的悲哀情，又有踏青游玩的欢笑声，是一个富有特色的节日。

2. 古时清明物候

桐始华，田鼠化为鴽，虹始见。

清明第一候是"桐始华"，会开花的桐树是白桐，白桐花在清明时满山怒放。

清明第二候是"田鼠化为鴽"，田鼠到清明时已躲回洞穴不见了，鴽鸟也就是鹌鹑鸟则飞出野林，天空翱翔。

清明第三候是"虹始见"，现代人当然都知道，太阳光受到空气中的水气折射，反射出来太阳光谱红、橙、黄、绿、蓝、靛、紫的原色。古人不知道这些光学知识，认为这种物象是阴阳交争中的雄性物（虫类、动物）。

知识窗

1. 风筝的故事

①风筝在古代叫风鸢，最早出现在秦汉时期（大约 2000 年前），它是受风帆的启示而发明的。

②高祖追击楚霸王鏖兵垓下时，汉将韩信用牛皮制风筝，下置风笛放至楚营上空鸣奏，并让军士用楚歌唱和，以思乡悲哀之曲驱散了楚军子弟八万，楚霸王不战自败。

③唐宋时期，风筝已经广传民间，成为少年儿郎的普通玩具，据说宋徽宗还主持编撰了一本《宣和风筝谱》。

④12 世纪风筝开始传入欧洲。

探索雷电的奥秘

1752年，美国科学家富兰克林利用风筝探索雷电的奥秘。

富兰克林将一把铜钥匙系在风筝线上，闪电沿着这条线流过钥匙时，迸发出火花。

⑤1873年，英国人邦克雷威研制了箱式风筝，对空气动力学的发展做出了贡献，为人类空中飞行奠定了基础。

2. 风筝的种类

①按构造分类：硬翅类、软翅类、板子类、立体类、龙类和板串类等。

②按造型分类：鸟形、虫形、水族形、人形、文字形、器具形和几何图形等。

③按功能分类：玩具风筝、观赏风筝、特技风筝和实用风筝等。

3. 潍坊的国际风筝会

潍坊国际风筝会每年4月20日～25日都会在我国山东省的风筝之都潍坊举行。整个风筝节期间，伴有丰富多彩的民间传统艺术活动。传统的民族花灯展览，在夜幕下呈千姿百态，栩栩如生；民族焰火，以其绝妙的燃放技巧，展现历史戏剧故事场景，令人赞叹。

潍坊风筝历史悠久，扎工精巧，造型优美，放飞平稳，易于起飞。位于市区东北15公里的杨家埠村，便是风筝的故乡。1988年，潍坊被14个国家和地区的风筝协会推选为"世界风筝之都"；次年，国际风筝联合会成立并把总部设在潍坊，确立了潍坊世界风筝中心的国际地位。

小博士

放风筝的益处

练力强体 放风筝时要动用手、腕、肘、臂、腰、腿、足等人体各个部位，使全身得到锻炼。从放风筝开始，机体各部位肌肉都在伸缩运动着。当风筝上升、倾斜时，还需要奔跑、拉线、左右摆动。看风筝随风飘逸，在蓝天白云间摇曳翻腾，还可调节视力，消除眼肌疲劳，所以放风筝还兼有"养眼"作用。

练气驱邪 春天一到，阳气升发，人体的气血便产生往外透发的趋势。这时期活动身体，使气血运动加快，有利于人体健康。

练心除秽 放风筝可以陶冶情操，净化心灵。仰观扶摇直上的风筝，可催人进取向上，意气风发。若在郊野放飞风筝，在运动中呼吸清新的空气，还会令人精神振奋、心旷神怡。

6. 牡丹贴花工艺

每年阳历 4 月 19 日~21 日间，我国的"谷雨"节气开始了。

清明之后太阳黄经 30°的位置，就是谷雨。谷雨旨在提醒农事要抓住春雨降落时机，不要误了耕种。"谷雨"两字顾名思义，也是农耕社会的纲要，"雨生百谷，春雨可贵"。

"谷雨"节气前后，牡丹盛开。

牡丹又称谷雨花、洛阳花、木芍药等，花大色艳，富丽堂皇，被称为"花中之王"，是我国十大名花之一，有 1 500 多年的栽培历史。

基本活动

金线围贴牡丹花工艺

金线围贴是一种新颖的手工艺术，它有自己的特点和独特的表现方法，它是以金线为主要材料的工艺品。如果贴一幅色彩华贵的牡丹花图，更是具有浓郁的民族艺术风味。

金线是从工艺品商店中购买装饰用的二胶金线。

牡丹花图

这个作品的牡丹花图有大小花和大小叶之分,构图较为繁复。你可以只贴大花(牡丹花),也可以全图全贴;你可用金线单绕的方法贴,也可以用色纸衬绕的方法贴。现在让我们一起来学习金线围贴牡丹花的工艺。

首先根据图案尺寸锯一块三夹板,在磨平的一面贴上和板尺寸相同的深色即时贴,作为底色。

图中卷起的彩纸为即时贴,贴即时贴时须贴平整,不能有皱折和气泡。

然后用复写纸将底稿上图案印在深色即时贴上。用笔要轻,保持板面整洁,注意不要走样。

其次要学习两种基本围贴方法:

1. 单绕法

这种方法是在单色底板上直接贴金线。用镊子把抹好百得胶的金线贴在印有图案的底板上。

注意金线要与图案线条相吻合。绕贴时先贴外面后贴里面。

2. 衬绕法

衬绕就是在金线绕成的画面中还有着色彩的变化。绕法如下:

(1)做好底板,贴上绿色即时贴作为底色,印上小鹿图案。

(2)在紫色即时贴上也印上小鹿图案(离我们远的两条腿不要印),然后沿外轮廓剪下贴在底板

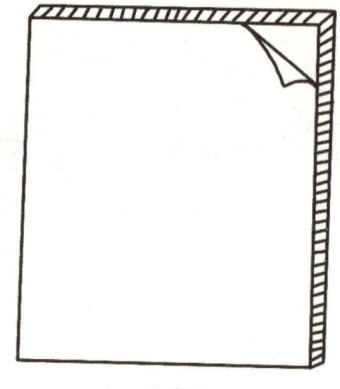

贴花板

单绕图

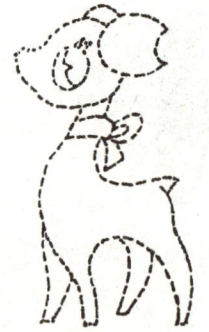
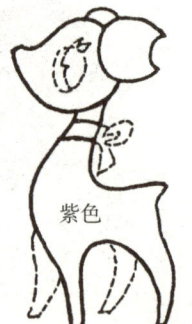
紫色
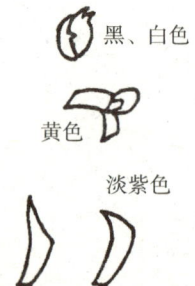
黑、白色
黄色
淡紫色

衬绕图

上的相应位置。

在黑、白即时贴上印上眼睛；在黄色即时贴上印上围巾；在淡紫色即时贴上印上两条远处的腿，剪下分别贴在相应位置。

（3）用镊子把抹好百得胶的金线贴绕在图案的边上，靠得要紧。要贴绕干净、准确，不弄脏画面。

这样，绿色背景上一只系着黄围巾的紫色小鹿图案就基本完成了。

建议

1. 色彩选择要逼真一些。

2. 图中的内层花瓣和大花叶可贴二层白卡纸，外层花瓣和小花小叶贴一层白卡纸，可使画面更有层次，更生动。

3. 金线贴绕一定要靠紧花瓣、花叶的边，胶水不要抹得太多，这样才能保证金线组成图案的线条美。

（刘小地　供稿）

探究活动

植物的花

花是开花植物的生殖器官。花是适应繁殖的变态枝和变态叶，花萼和叶片一模一样，花瓣的形态也很相似，花梗是一个支，花梗的顶端胀大就成了花托。

花的形态

一朵花由花萼、花冠、雄蕊和雌蕊四部分组成。花冠俗称花瓣。雄蕊和雌蕊

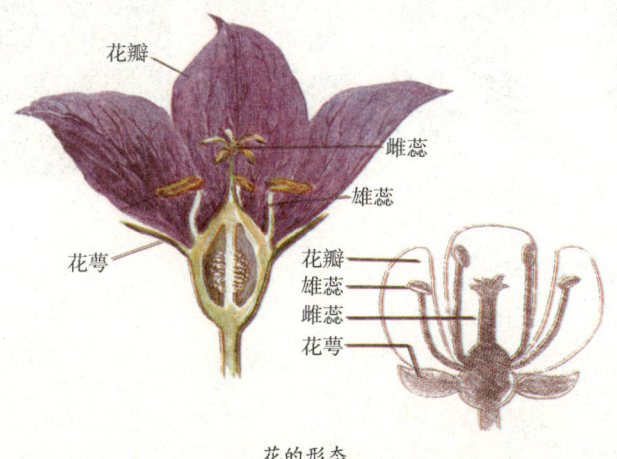

花的形态

统称花蕊。四部分都有的叫"完全花",缺少某一部分的是"不完全花"。
单性花和两性花
一朵花只有雌蕊的叫"雌花"。只有雄蕊的叫"雄花"。它们都是单性花。如果既有雌蕊又有雄蕊,就是"双性花"了。

南瓜是单性花。

百合是双性花。

玉蜀黍的同一植株,既有雄花,又有雌花,"雌雄同株"。

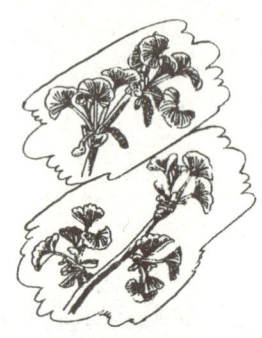
银杏和柳树分"公"、"母","公"树开雄花,"母"树开雌花,"雌雄异株"。

单性花和双性花

形形色色的花
花的形状多种多样,美不胜收。牵牛花像小喇叭(漏斗形)、蚕豆花像蝴蝶(蝶形花)、油菜花像黄十字(十字花)、吊钟像金钟(钟形花)。生长在苏门答腊的大花草开出世界上最大的花,直径140厘米。

形形式式的花

四季的花和花的时钟
花开花落,迎春花谢了,牡丹开了。一年四季,人们总能看到花。
牵牛花在黎明前的4时左右开花,芍药是清晨7时开花,而昙花晚上9时才开花。每一种花的开花时辰总是固定的。于是,可以排出一个花的时钟。
花的开放时间不一样,是长期适应环境的结果。昙花原产地是干热的沙漠地,白天太热，晚上比较凉爽，也比较温暖，适宜开花。蜜蜂在温暖的春天特别活跃，清晨 4 时就飞出来采蜜，许多花就在春天的早晨开放。

开花的季节和时间，与光照、温度、湿度、昆虫的活动都有关系，植物在适应环境的过程中，选择了最有利的时间开花，有利于传粉，保证传种接代，繁衍子孙。人们了解这些因素以后，就可以在温室里用人工控制，就可以使各种花同时在节日开放，百花齐放。

相关链接

1. 谷雨

反映降雨的时期和程度的节气之一。是农业气象与季节变化相互关系的征象。每年公历 4 月 20 日前后，太阳位置到达黄经 30° 时开始。清明过后，雨水增多，大大有利谷类作物的生长。俗话说"雨生百谷"，所以叫做"谷雨"。从黄河流域中下游气候特点看，这时干旱少雨，但和前几个节气来比，雨量增加还是明显的。例如，雨水和谷雨前后几个城市年平均降水量（毫米）如下。

地名	立春—雨水	雨水—惊蛰	清明—谷雨	谷雨—立夏
西安	4.4	14.4	21.5	38.8
开封	2.8	5.9	16.8	22.2
徐州	7.5	10.4	—	—
济南	4.3	4.9	7.0	12.6

2. 古时谷雨物候

萍始生，鸣鸠拂其羽，戴任降于桑。

谷雨第一候是"萍始生"，"萍"是浮萍，由于这种绿色水草生长在水面上而得名。它们随波浮生，却能静静度过盛阳天，且大量地繁殖。

谷雨第二候是"鸣鸠拂其羽"，在谷雨天时，斑鸠不但鸣叫，还会拍动翅膀飞翔。另有将"鸠"称作布谷鸟，在春末啼叫着"布谷、布谷"，人称劝农鸟。

谷雨第三候是"戴任降于桑"，也是一种鸟，又名"戴胜"，身上有黄白斑纹，头顶上有如冠的毛而得名，山区还有一种叫火冠戴菊鸟，三月春末时，它们飞出巢窝，栖息在桑树上。

知识窗

在山东菏泽，20余株在太空失重条件下进行变异试验的"太空牡丹"相继盛开。这批"太空牡丹"种子在2002年随"神舟三号"飞船在太空中围绕地球飞行了108圈，2002年9月栽植于菏泽曹州百花园，比一般牡丹提前开花1～2年。

·小博士·

牡丹花会

中国牡丹，最盛者两处：一在河南洛阳、一在山东菏泽。

牡丹因女皇武则天而称名天下。武则天称帝洛阳，因此该处的牡丹渊源既久，声名也就最大。

20世纪80年代初，洛阳人开始举办牡丹花会。几十多年过去，牡丹花会如今已成为国际知名的旅游盛会了。每年"谷雨"前后，牡丹盛开，花期即是会期。一到此时，洛阳万园衣冠，游客如云，倾城倾巷俱是赏花人。

拓展思考题

1. 春天何时到你家？
2. 为什么说："雨水"有雨庄稼好，大春小春一片宝？
3. 为什么一年四季总能看到花？
4. 如何扎制风筝的骨架？

夏季的节气

　　夏季是从立夏到立秋的四月至六月（农历），共有六个节气：立夏、小满、芒种、夏至、小暑和大暑。此期间湿热多雨，气候炎热，生物生长旺盛，是农业生产的关键时节。主要农活是田间管理，重在夏耘。但是由于天气过于炎热，不少地方进入农闲时节，人们开始锻炼身体，防暑防病，开展夏季游戏和体育活动，为闷热的夏季生活增添了不少乐趣。

7. 立夏做彩蛋

每年阳历 5 月 5 日～7 日间，我国的"立夏"节气开始了。

"立夏"节气也是我国早期"八节"之一。

谷雨之后当太阳黄经 45° 位置时，就是立夏。立夏是夏时的第一天，与立春一样，立夏就是春去夏续，见到夏季的意思。

江苏南通有句俗语："立夏吃了蛋，热天不疰夏。"立夏吃蛋，是我国民间的风俗，而做彩蛋也是常见的民间工艺制作。

彩蛋造型

基本活动

立夏做彩蛋

材料
完整的蛋壳、去污粉、石膏粉、细砂纸。

工具
锥针、注射器、彩色水笔。

制作
彩蛋的制作要经过挑选、排空、清洗、堵洞、绘画、装饰等程序。

1. 挑选：彩蛋所用的蛋壳表皮的质地要洁净、细腻。鸭蛋壳最佳。

2. 排空：用锥针在蛋壳较尖圆的一端扎一洞眼，可用注射器协助排空蛋清蛋黄，也可用一细铁丝把蛋清、蛋黄搅混之后甩出，排净为止。

3. 清洗：蛋壳内用清水清洗数次，表皮可用去污粉、洗涤灵等洗涤干净。

4. 堵洞：洞眼用石膏粉堵住，待干后用细砂纸轻轻磨平。

5. 绘画：可采用中国画技法绘制，也可用水粉颜色，油性水彩笔等绘制。内容可绘制山水、人物、花鸟虫鱼及各类图案等。要求主题突出，布局丰满，画时边转边画，能让人三面甚至四面观赏。

彩绘

6. 装饰：为制作好的彩蛋配好底座，可用木头制作，也可用泡沫塑料削制。

彩蛋底座

（刘小地　供稿）

探究活动

蛋壳变装设计

让一只平淡无奇的蛋壳，通过你开心的涂鸦和创意的着装，变成又可爱又有生气的栩栩如生的蛋宝宝，一定会博得大家赞誉。

同学们可以来一次蛋壳变装设计竞赛。

变装设计

相关链接

1. 立夏

表示季节变化的节气之一，是我国传统夏季开始的节气。我国地域辽阔，各地气候不一,夏季开始的时间也不一致。气候学上常以连续五天的平均气温稳定在22℃以上的开始日,为夏季开始。按此规定,某年长江下游的上海,6月2日夏季开始,华北平原的北京,6月1日进入夏季,比上海还早一天。这是因为江南正值春雨期,气温上升慢;而华北地区却晴日当空,气温猛升。如石家庄和长江中游的武汉,同在5月21日进入夏季。山东济南,却在5月15日已经入夏,比南京、杭州还要提早10天。华南的广州在4月下旬就开始了夏季。

2. 古时立夏物候

蝼蝈鸣,蚯蚓出,王瓜生。

立夏第一候是"蝼蝈鸣",显示了夜出的蝼蝈,因为感到微弱的阴气而鸣叫。

立夏第二候是"蚯蚓出",蚯蚓据传是一种阴曲而阳伸的动物,立夏盛阳正是蚯蚓伸出的时机。

立夏第三候是"王瓜生",王瓜又叫王菩,蔓爬在田泽墙垣之上,五月时开花,蒂落结果,生的时候是青绿色的,熟了变得赤红,不能当菜蔬食用,只能作药材用。初夏时节王瓜蔓藤正快速攀爬生长,生机勃勃。

地方风俗

1. 南通立夏行吃蛋

江苏南通有句俗语:"立夏吃了蛋,热天不疰夏。"每年立夏,南通一带民间家家户户都要煮鸡蛋、鸭蛋给小孩吃。要问这个习俗的来历,里面还有一段优美的故事传说哩。

早先天上有个凶恶的瘟神,平时爱睡懒觉,直到每年的立夏节,才苏醒过来,带上一只瘟疫的口袋,溜到人间播疫作祟。凡是被它染上病的,轻则发热厌食,身疲肢软,重则日见清瘦,一病不起。人们把这病称为"疰夏"。

女娲娘娘知道此事后,就去找瘟神说理。娘娘说:"今后凡是我的嫡亲孩儿,决不准你去伤害他们。"瘟神知道女娲娘娘法力无边,不敢跟她作对,说:"不知娘娘有几个嫡亲孩儿在人间?"娘娘一笑说:"我手翻一翻就是一个,你看好了。"说罢,两手翻动如飞,瘟神只看得眼发直,头发胀,叹口气说:"娘娘别翻了,小神实在数不过来。"娘娘笑道:"这

立夏挂蛋

样吧,我立夏这天,命我的嫡亲孩儿在衣襟前挂上一只蛋兜,你认准记号,千万不得胡来。"

这年立夏那天,瘟神醒来,背起疫袋,又急冲冲来到人间。只见一个个孩童胸前都挂着个小小的网兜,里面放着煮熟的鸡蛋、鸭蛋。瘟神知道是女娲的孩子,哪敢作恶,只好走开。他走呀走呀,从早跑到晚,见到的孩子胸前都有个网兜,不敢动手,最后瘟神筋疲力尽,气呼呼地累死在路上。

瘟神死后,孩子们也就把挂在胸前的蛋吃掉了。为了纪念这一胜利,感谢女娲娘娘的大恩大德,以后每年立夏,家家户户都煮蛋给孩子们吃,立夏吃蛋的风俗就一代一代地传了下来。

2. 立夏称重的风俗

立夏日有称人体重的风俗。农村家家户户都有量度重物的大秤,用绳索把秤吊在门前树上,下悬箩筐一只,全家大小分别坐上去秤一秤,看看有多重,作为夏季前夕的体重记录。目的是告诫大家,夏日炎炎、蚊蚋丛生,容易滋生疾病,希望大家保重身体,过完夏天后体重不减。

立夏称人

蛋壳的功效

美国科学家曾经做过一个实验。

他们成功地进行了一次蛋壳外鸡胚胎的孵化。当孵化到十九天后,发现胚胎发育出现异常,鸡嘴生长不正常,头壳软,羽毛不能长满和张开。这时他们认为鸡的发育不正常,可能是缺乏某种营养物质。蛋壳主要成分是碳酸钙,于是,他们及时添加了钙元素和其他一些无机物质,实验证明这些是蛋壳提供小鸡生长不可缺少的。这说明蛋壳不仅起到保护鸡胚胎的作用,还为鸡的繁殖后代提供了必要的营养物质。

8. 蚕茧造型

每年阳历 5 月 20 日~ 22 日间，我国的"小满"节气开始了。

立夏之后当太阳黄经 60° 位置时，就是小满。中国北方种麦，小满指此时麦粒虽未完全成熟，但已粒粒盈满。南方种水稻，小满则指水田中的水已满盈。

养蚕

（赵华川　作画）

农历四月又称蚕月。江南蚕乡小满时有着"小麦青青大麦黄，家家户户养蚕忙"之说。小孩们也会学着大人用小纸盒养几条蚕。

我国是世界上最早养蚕织绸的国家，距今已有四五千年的历史，享有"丝绸之国"的盛誉。千百年来的"男耕女织"即是我国小农经济的主要特色。

每一个蚕茧是由一条蚕宝宝吐的丝结成的，整条丝的长度是 1 000 米到 1 500 米。丝是蚕的分泌物，是一种非常优质的纤维。

蚕宝宝过了 5 龄就会结茧化蛹。蚕在茧中化蛹，经过 13 ~ 14 天时间就变成蛾子破茧而出，完成它们一生的历程。

我们可以用蚕蛾留下的破茧，进行蚕茧造型的制作活动。

基本活动

蚕茧变蚕虎。

蚕虎玩具小巧而有趣。山东潍坊地区蚕农利用缫丝时开水煮过的蚕茧，染成黄色，晾干后用剪刀在蚕茧的一头，剪出两只尖尖的小耳朵，然后把蚕茧翻过来（取出蚕蛹），在下方同样也剪出两只小耳朵。这样做的结果：两只耳朵在上边呈现虎头状时；蚕茧下部的另两只耳朵，就巧妙地变成了虎的两只前腿，平稳地支撑着蚕虎的身体，蚕虎玩具的造型便做成了。然后，用黑红两种对比强烈的色彩，分别在蚕茧的上端，描绘出虎的脸型：粗眉铃铛眼，虎口大开，面带凶相。最后再用红色，在虎的额头上重重勾勒出一个"王"字时，似乎赋予了虎的灵魂和神韵，名正言顺地成为"百兽之王"。

蚕虎

探究活动

主题作品的设计

先取破茧若干，经蒸煮晾干，用剪刀、针线、乳胶等工具制作各类小作品。

小作品

然后，可以把蚕茧造型的小动物组合起来，构成有主题的作品。

主题作品

《春江水暖鸭先知》、《乌鸦与狐狸》和《企鹅的一家》等一个个单独的小造型，便组成了互相呼应、饶有情趣的工艺创作。对底板、背景及衬景的设计和材料的选择，要考虑为主题服务，造型要简洁概括，色彩要素洁单纯，材料可选用三夹板、厚卡纸、吹塑板、钙塑板等。

（刘小地　供稿）

相关链接

1. 小满

表示农业生产活动的节气。小满是指小麦、大麦等夏熟作物灌浆成熟，籽粒开始饱满的意思。黄河流域以南地区，平均气温已达20℃左右。根据近年来小麦物候（物候指动植物或非生物受气候等影响出现的现象）资料，黄河流域中下游小麦平均成熟期：河南郑州在5月18日、河南商丘5月17日、河南博爱5月28日、山东济南5月26日、江苏徐州5月24日，都与小满节气大致接近。从江南来看，小麦乳熟期要提早一个节气，故有"麦到小满日夜黄"及"麦到小满稻到秋，再不收割就会丢"之说。

2. 古时小满物候

苦菜秀，靡草死，麦秋至。

小满第一候是"苦菜秀"，苦菜是一种野菜，又叫荼，也有地方称苦苣，或苦荬。

小满第二候是"靡草死"，靡草泛指一些叶子细嫩的草，如荠菜之类的阴冷潮湿季节生长的植物，受不了盛夏的火气都枯死了。

小满第三候是"麦秋至"，原已盈满的麦子经过十来天到第三候终于成熟，早早收割打场，此处的"秋"字是最初的"禾"与"火"组合而成，原意为庄稼熟了。"麦秋至"就是麦子收割完毕。

地方风俗

蚕月

蚕月又叫"蚕禁"，浙江省吴兴等地的汉族民间蚕祀禁忌月。每年农历四月初一开始，月底结束，是一个特殊的蚕乡时岁。四月里，旧时养蚕人家除了精心照顾蚕宝外，还禁止人们随便走动，即便官府差役也不得前往养蚕人家征收赋税或捉拿犯人；遇到红白喜事也一律不准亲邻来往庆祝或凭吊。乡校放假，谓之"放蚕忙"。

蚕农们以蚕为主，对蚕之爱犹如爱护自己的生命，他们视养蚕为神圣之事。农历四月是养蚕的关键时期：这一段稍有不慎，就会发生蚕瘟而造成蚕宝宝大量死亡，当年蚕花的成色就会下降，蚕农的收入就会减少，一家人的生计自然会受到影响。茅盾1932年所著的小说《春蚕》，就写出了当时蚕农这一心境与习俗。今天，防治蚕病的知识已广为蚕农所晓，蚕禁也不像过去那么严格与神秘了。

知识窗

蚕的一生

蚕是完全变态的昆虫，一生要经过卵、幼虫、蛹和成虫四个时期，约二月余。

·小博士·

"蚕在太空吐丝结茧"实验进入太空。

"哥伦比亚"号上搭载着一名中国小姑娘设计的实验项目：蚕在太空吐丝结茧。实验目的是观察蚕宝宝这样的小昆虫，在微重力环境下能否依然圆满地完成"作茧自缚"的神奇过程。

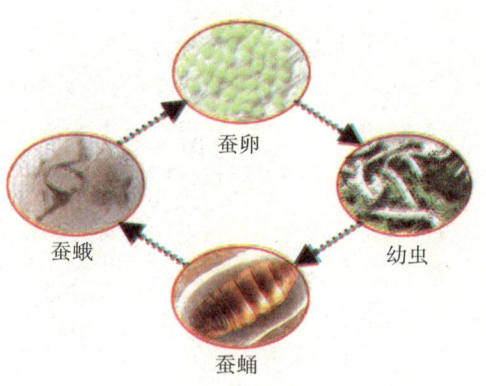

蚕的一生

中国小姑娘设计的这个项目，立意甚高。中国有个美丽的神话相传黄帝的妻子嫘祖向人们传授了养蚕缫丝的方法，从此人们不再皮毛裹体。中国的丝绸后来风行欧亚，以至相继出现了陆上、海上的"丝绸之路"，不仅向世人展现了中国的物质文明，更大大传播了中华民族精神文明的无穷魅力。所以，把地球上最原始的、最能够体现生命价值的自然现象拿到宇宙空间去进行观察，真是一个绝妙的创意。

正当人们殷切期待这次实验成果时，一声悲剧中断了这个过程（"哥伦比亚"号失事）……

"哥伦比亚"号航天飞机此次共搭载了包括中国在内的6个国家的学生设计的实验项目。除中国学生的"蚕在太空吐丝结茧"实验外，美国、以色列、澳大利亚、日本和列支敦士登等国学生设计的实验，分别涉及太空飞行对蜘蛛、蜜蜂、鱼、蚂蚁等的生长及其习性的影响等。

"哥伦比亚"号失事后，2004年我国航天科技集团公司批准："太空蚕"将搭载在我国第22颗返回式卫星上。2005年9月16日，这颗卫星结束了18天的轨道飞行，装有12条太空蚕的"中国青少年太空生物舱"也随着卫星返回舱安全返回地面。

"太空蚕"之梦终于圆满成真。

9. 麦秆贴画

每年阳历 6 月 5 日～7 日间，我国的"芒种"节气开始了。

小满之后太阳黄经 75° 的位置时，就是芒种。此时大麦、小麦等有芒（谷类壳上的细刺）作物种子已经成熟，抢收十分紧迫。晚谷、黍（一种黄米）、稷（粟类）等夏播作物也正是播种最忙的季节，民间又叫"忙种"。

芒种割麦　　选自《敦煌壁画线图集》

基本活动

麦秆贴画

麦收后，留下很多麦秆，我们可以废物利用动手制作一幅幅别有情趣的麦秆贴画。

材料

选取高杆、节长、色白、杆圆的麦秆。在收割前，把麦穗去掉，割下晒干备用。

麦秆画

工具

剪刀、单面刀片、弯头镊子、小刻刀、烙铁、熨斗、乳胶等。

制作

1. 设计画稿

在设计时要考虑到麦秆原料及制作程序，如玉兰花，设计时不仅要交待清楚每片花瓣的形状，还要分清每片花瓣的前后、左右，分解时才能得心应手。

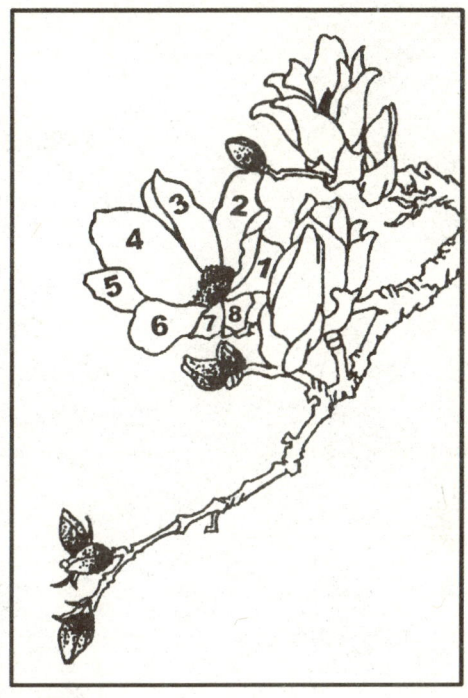

玉兰花

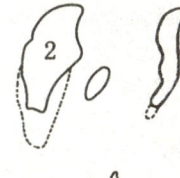
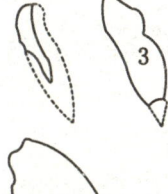

2. 分解画稿

画稿中的一朵花，有几片花瓣，哪片花瓣在里，哪片花瓣在外，哪片花瓣被另一片花瓣遮盖等，都要心中有数，分别把这些部分按顺序（指贴上去的顺序）标上数字，再用拷贝纸蒙在画稿上。根据分析把画稿分解开，成为各种不同形状的图形，如玉兰花瓣（左图）。一朵花就有8片花瓣，而每片花瓣都不一样，在描时，特别要注意那些被其他花瓣遮盖的，一定要把被遮盖的部分画出来，拼贴起来不能留有空隙，图中花瓣虚线部分，就是遮盖部分。

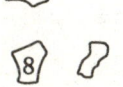

花瓣分解图

3. 麦秆加工

拼贴前，首先要对麦秆进行加工，可以按剖割、刮平、染色、拼料等方法处理。

剖开：把铅笔尖削成锥形作剖刀，剖时要求剖得直，铅笔与麦秆的角度不能大于30°。

刮平：用单面刀片在玻璃台板上，把麦秆翻开刮平，刮时刀片与麦秆角度成45°，不能把麦片刮坏。

染色：麦秆染色，首先要用少量碱放入水中，再把麦秆放入水中煮开进行脱脂，这样染色就容易了。颜色常用的有品红、铬黄等碱性染料，如找不到颜料，可用彩色皱纹纸浸染。

拼料：由于麦秆较窄，除细长的直线条外，其他弯曲线条及

麦秆加工

面积较大的图形便很难粘贴，所以要事先将麦秆拼贴成适合剪裁的小张。拼贴方法，一是挨紧平贴，不露空隙；二是将麦秆剪成小段，对称斜贴，可做羽毛、树叶、箭羽等。拼贴时要选择相同颜色的麦秆贴在一起。深色或淡色的麦秆，在粘贴画面时，都各有用途。

麦秆加工好后就可以拼贴作品了。

4. 剪刻分类

把拼贴好的分解图按反面线条一块块剪下，放入有编号的盒子里。

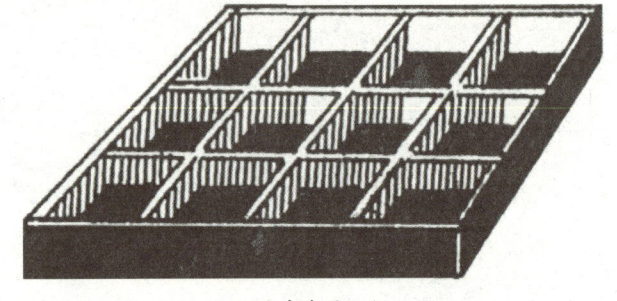

木盒子

5. 过稿装贴

麦秆画的底板一般都是深颜色，小幅可用深色植绒纸，大幅可用黑平绒裱在三夹板或纤维板上。为了使制作后的画与原设计稿相符，还要进行过稿。其方法是用透明的有一定硬度的废胶片或废X线底片，复在原稿上，用针按原设计稿线条。每隔2～3毫米刺一个小洞，这样把画上线条全部制好，然后把制好透明的胶片复在裱好平绒的底板上，用装有滑石粉的布袋在上面扑打，这样白粉从针眼中落在布面上，在平绒上留下了白色粉点组成的画面，这时就可以装贴了。

如玉兰花，先贴枝条，后贴花朵，贴好后用烙铁烫出枝条肌理，最后配上镜框，这样一幅麦秆贴画就完成了。

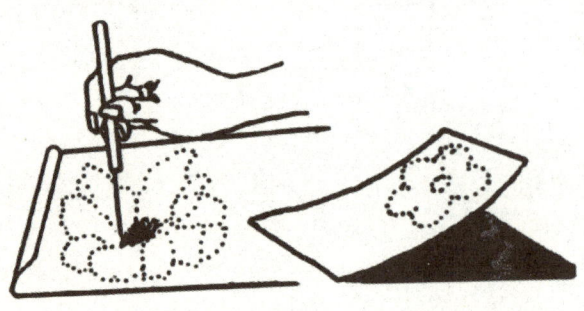

过稿

（刘小地　供稿）

夏季的节气

> 探究活动

植物的茎

麦秆是植物的茎。植物的茎位于根和叶之间，除了起支持作用外，还是输送水分和养分的重要通道。茎将从根部吸收来的水和矿物质送到叶子——"绿色工厂"去加工，再将叶生产的养分运送到植物生长需要的部位。

茎可分为地上茎和地下茎两大类。

地面上的茎

大部分都有支撑和输送的功能，但也有一些改变了形态，或失去支撑的作用。有的茎，呈圆球、三棱形或方形。

水杉的茎笔直，是明显的直立茎。

草莓的茎平躺在地面，是葡萄茎。

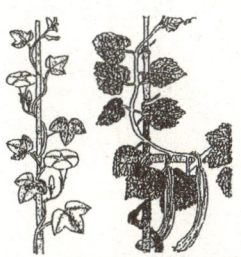
丝瓜的茎攀援着其他植物而上，是攀援茎。
牵牛花的茎缠绕在其他物体上，是缠绕茎。

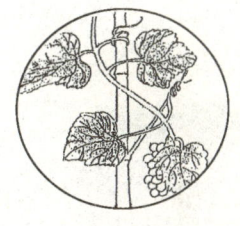
葡萄、丝瓜是靠茎上的卷须来攀援而上。

地面上的茎

地下的茎

大树的茎苍劲挺拔，直立在地上。但是，并非所有的茎都在地上，有的植物茎埋藏在地下，成为地下茎。地下茎的功能有所改变，外形也变得难以区别。

番薯和马铃薯都长在地下，都可以供人食用，好像都相同似的。可是，人们吃的番薯是它的块根，而马铃薯却是块茎。马铃薯的表皮还有一个个芽眼，将马铃薯切成数块种在土中，从芽眼会萌发出一支新芽，长成一株马铃薯。

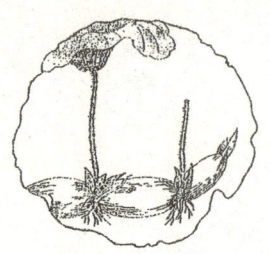

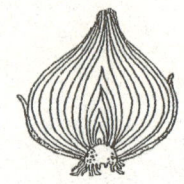

莲的茎不是直立向上，而是横卧在地下，容易被误认为根，叫作根状茎，增加了贮藏养分和繁殖功能。

马铃薯可以当菜吃，供人吃的那一部分正是它的块茎。块茎也有贮藏养分和繁殖的功能。

洋葱的地下茎是鳞茎。它的鳞是中央那一部分，外侧是肥厚的鳞叶。

鳞茎最大的作用是繁殖。水仙花的鳞茎泡在水中，鳞茎提供养分来生长开花。

荸荠和慈姑的茎也藏地下，成为圆球形，叫做球茎，旁边有许多侧芽和鳞片，可供繁殖。

地下的茎

相关链接

1. 芒种

芒种时节，正处于江淮春雨结束，梅雨还没有到来，雨天相对地要比其前后期少，有利"三夏"。但少数年份，春雨结束晚，接着在芒种节前后出现早梅雨，这就严重地影响江南广大地区的"三夏"工作，常常导致小麦、油菜等霉烂变质。所以从农业生产角度来看，芒种是夏熟作物丰歉与否很关键的一个节气，历来受到人们的重视。

2. 古时芒种物候

螳螂生，䴗始鸣，反舌无声。

芒种第一候是"螳螂生"，螳螂是前足锋利的昆虫，善捕蝉，在深秋产卵，所谓一壳百子，到芒种时破壳而出。古人观察螳螂，认为它餐风饮露，应该是感应到了此时阴气始生而面世。

芒种第二候则是"䴗始鸣"，䴗是伯劳鸟，因为它的叫声是"䴗䴗"而俗称为"䴗"，现在每年白露前后，有大批红尾伯劳鸟飞到恒春半岛过境，而后往菲律宾、关岛一带过冬。鸟儿是无谓国界的，所以它们飘洋过海，感阴气而鸣叫。

芒种第三候是"反舌无声"，其意恰好与"䴗鸣"相反，能模仿其他鸟鸣叫的反舌鸟，感应到五月阴气微生而不叫了。

知识窗

在收获小麦的同时，每亩土地会产生1 000公斤的小麦秸秆，当然稻米、高粱、玉米等农作物也会产生大量的秸秆。以前农村把秸秆作为柴火烧掉，有时农民就在地里焚烧秸秆，既浪费资源又造成大气严重污染。

1998年5月14日，由于当地农民焚烧农作物秸秆，产生大量的浓烟，致使成都双流国际机场被迫关闭2天，数十架航班取消或无法正常飞行，经济损失达数百万元……

2000年夏天，京郊夏收作物秸秆的焚烧造成北京市大气严重污染，最严重的一天是2000年6月19日，空气质量甚至达到5级，属严重污染……

·小博士·

小麦的故事

九千年前，人类就懂得栽种小麦，作为重要的粮食来源。在埃及古墓遗迹中曾发现小麦的穗粒，而且根据研究所知，在古希腊、罗马时代，小麦就已经是主要的粮食。小麦的栽种首见于中东的肥沃月湾地区，这地区包括今天以色列、土耳其、伊朗、伊拉克等国某些部分，都曾经是肥沃的农耕区，现在却都成了黄沙滚滚的沙漠了。如今我们吃到的小麦和当时肥沃月湾所产的小麦有很大的不同。当时的小麦是长茎麦和芽草麦，茎梗细长，容易在风雨吹袭下折断死亡，而且所结的谷粒瘦小，即使大量栽培，所得的粮食收成也相当有限。现代品种的小麦，经过很多次的育种改良，已经培育出产量高、耐旱，又能抵抗疾病的品种，使我们能够吃到品质更优良的小麦。

10. 北回归线标志模型制作

每年阳历 6 月 21 日~22 日间，我国的"夏至"节气开始了。

"夏至"节气也是我国早期"八节"之一。

芒种之后太阳黄经 90°的位置时，就是夏至。这天太阳直射地球的北回归线（北纬 23°26′）是北半球一年中白昼最长的一天。

基本活动

北回归线标志模型制作

台湾嘉义县北回归线标志碑

北回归线在天文学上是热带和北温带的分界线，在地理学、气候学、动植物学、土壤学与农业区划等方面有参考价值。它经过我国的台湾、广东、广西、云南等省（区），因此建立"北回归线标志"有着重要的科学意义。

我国台湾曾于 1909 年在嘉义县建北回归线标志碑，该碑在 1964 年 1 月 18 日地震时被毁，1968 年又重建。

现在请同学们动手制作一个嘉义县的标志碑模型。

材料

厚卡纸、胶水、2 毫米铜丝若干、焊锡。

工具

剪刀、小刀、铬铁、小铁锉。

制作

1. 把制作图纸放大复印后，粘贴在厚卡纸上，待干透后做成碑身（图1）、两级碑座（图2、图3）和碑顶（图4）等零件。

2. 把图5（粘成圆筒状）插入图4小孔里粘牢，再和图1顶部粘合。

3. 把图1碑身插入两碑座，再粘在底板上（图6）。

4. 用铜丝弯制三圆环（一大二小），用电铬铁焊牢，做成地球经纬线状标饰装在碑身顶部，一个标志碑模型就完成了。

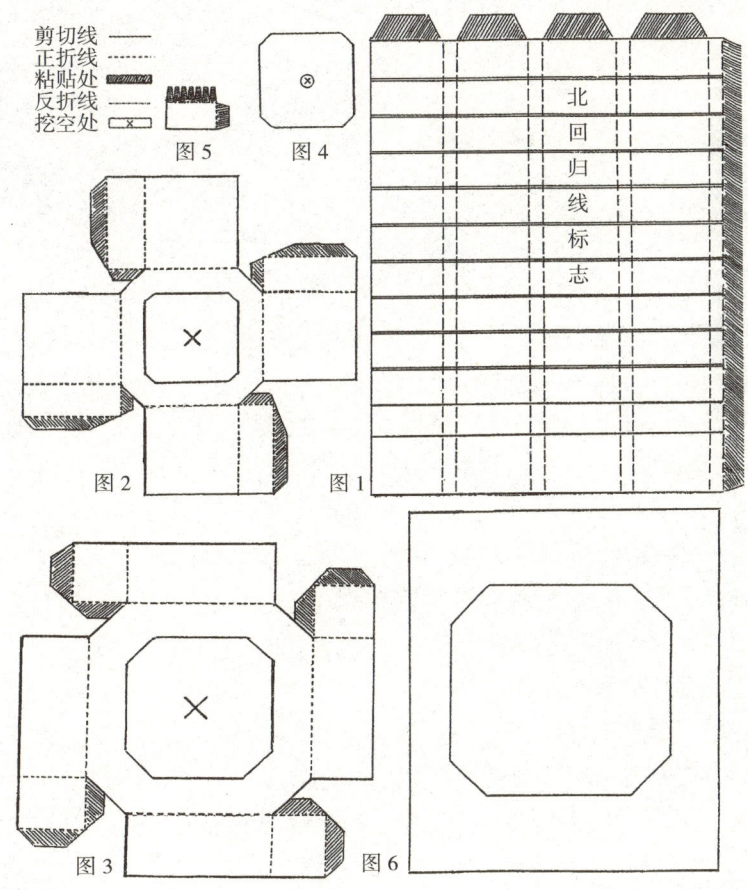

标志碑模型制作图

注意

1. 标饰下端做成圆柱状，以便插入图5；

2. 标饰做好后，要用小铁锉把多余的焊锡锉光，使标饰美观；

3. 使用电铬铁注意安全。

探究活动

寻找我国北回归线上的主要城镇

我国位于北半球。北回归线大致通过我国的台湾省中部、广东的汕头和广州、广西的梧州和云南的个旧和墨江一线。

请你收集资料，寻找在我国北回归线上的主要城镇，收集它们的地理、气候、动植物分布等信息资料，并分析有什么相同之处和不同之处。了解已经建造了几处北回归线标志性建筑。

相关链接

1. 夏至

反映季节变化的节气之一，是季节转变的转折点。夏至这天，太阳直射北纬 23°26′ 的北回归线。这是北半球一年内白昼最长的一天。在北极圈（66.5°N）以北地区，出现极昼现象。夏至以后，太阳直射点南移，白昼渐短。南半球则相反。北半球太阳辐射到地面的热量，比地面向空中散发的多，因此一年中最热的天气大约出现在夏至后的一个月前后。因此我国大部地区，都在7月下旬这一期间最热。

2. 古时夏至物候

鹿角解，蝉始鸣，半夏生。

夏至第一候是"鹿角解"，麋与鹿虽并称，然两者绝然不同，鹿是指山兽，它的角向前倾，所以属阳，古人认为到了夏至时因为阳气开始退，所以鹿角自动掉下来，而麋在冬至解角正好相反。

夏至第二候是"蝉始鸣"，蝉的古字是"蜩"，蝉是总称。有许多种蝉，如良蜩指五彩蝉，唐蜩是大蝉，还有寒蝉到冬天才会鸣叫。夏蝉又叫"知了"，雄的到了夏至时分会鼓翼而叫，是夏天最重要的声音之一。

夏至第三候是"半夏生"，半夏是一种野生的药草，因为在夏日之半生长，而得此名。

知识窗

1. 夏至昼长的差异

根据在夏至日的日出和日落时间，天文学家曾经选取了10个代表性的中国城市，计算白昼长度。结果发现，最长的是哈尔滨，3:43日出，19:26日落，昼长15

小时 43 分。白昼最短的则是海南岛上的三亚，6:06 日出，19:20 日落，昼长 13 小时 14 分，与哈尔滨相差 2 小时 19 分。

据天津市天文学会理事赵之珩介绍，夏至日是一年里太阳偏北的一天，北半球日照时间最长的一天，也是白昼时间超过黑夜时间最多的一天。但各地的昼长时间从北到南呈递减趋势。这是地球自转轴倾斜造成的昼长夜短效应，越接近两极越明显的缘故。

2. 回归线

地球赤道南北各 23°26′ 处的纬度圈，在南半球的叫南回归线，在北半球的叫北回归线。"回归"是指太阳在地球上的直射点以一年为周期在赤道两侧的往复移动；回归线就是太阳直射点在一年内可能到达的最南点和最北点所在的纬度圈，其纬度等于黄赤交角，即南北纬 23°26′ 的纬线。几乎所有的地图和地球仪上都有它们的踪迹，通常用虚线标出。

回归线具有重要的天文意义。南北回归线分别是热带和南北温带的天文界线。南北回归线之间的地带叫做热带，一年中有两次太阳直射，正午时太阳位于天顶。两次太阳直射的间隔，在赤道为半年（春分和秋分），向南北回归线逐渐接近于零。太阳直射北回归线是每年 6 月 22 日前后（北半球夏至），直射南回归线是每年 12 月 22 日前后（北半球冬至）。

想一想

北回归线向南移动

2006 年夏至，是广东省汕头市北回归线标志揭幕 20 周年。但专家发现，由于北回归线每年大约以 14.4 米的速度由北向南移动，汕头市北回归线标志塔将逐渐远离真正的北回归线。这是为什么？请大家探讨一下。

11. 做"知了"

每年阳历7月6日~8日间,我国的"小暑"节气开始了。

夏至之后太阳黄经在105°位置时,就是小暑。夏至开始日照渐长,温热之气都潜伏在土地中,到小暑时才散发出来,因此小暑始,暑热开始。

俗语说:小暑到,知了叫。

"知了"即是蝉,是一种善于鸣叫的昆虫(雌蝉没有发音器,是个"哑巴")。

基本活动

做"知了"

制作

1. 截取一段直径20毫米左右、长30毫米的竹管(木管也可以),打磨光滑(图1)。

2. 先将一张牛皮纸润湿,再将润湿的牛皮纸蒙住竹管的一端(图2)。

3. 将蒙纸的边缘处用透明胶带加固(图3)。

4. 在蒙纸的中心穿一根长200毫米的棉线。管内一端系一小段火柴棒,用来固定线的一端(图4)。

5. 在蒙纸的一头粘两粒小珠(蝉的眼睛),管身粘两片厚纸剪的蝉翅(图5)。

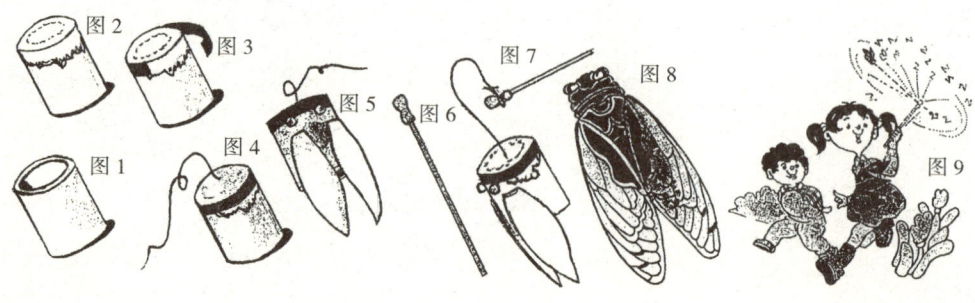

做"知了"

6. 找一根竹筷，在竹筷的一端刻成鼓形小槽，蘸上熔化的松香（图6）。

7. 把棉线打一个线环，套入竹筷的槽内，"知了"玩具就做成了（图7）。

8. 也可把图8剪下粘在图4所示的管身上，做成"知了"。

如果你拿起竹筷旋转，"知了"就飞转起来了，会听到好听的鸣叫声（图9）。

提示

1. "知了"玩具是根据"声现象"设计的。游戏时棉线绕鼓形槽转动产生了摩擦，从而形成了振动。该振动通过棉线传递给蒙在竹管上的牛皮纸膜，使纸膜振动，纸膜振动时又带动了竹管内的空气一起振动，于是就发出了一阵阵如知了发出的鸣叫声。

2. 用湿毛巾湿润牛皮纸较好，但不能太潮湿。

3. 粘结剂可以用白胶。

4. 截取竹管和挖槽要使用锯子和小刀等工具，同学们必须注意安全。

探究活动

挖"知了"

"知了"的一生要经过卵、幼虫、拟蛹和成虫四个阶段。

幼虫要在地下生活很长时间，一般是2~3年，幼虫经过七次蜕皮，便变成了"拟蛹"，昆虫学家叫它"腹育"。你如果想探索一下"知了"幼虫，就要去挖"知了"。

它们都躲在树根周围，深入地下10厘米左右。在地面上仔细观察，就会发现地上的小洞，似蚕豆般大小，这洞的泥土很松，用细竹筷三挖两挖，就会成比拇指稍粗的大洞，伸手掏即可挖出一只"拟蛹"。你会发现"拟蛹"外壳土黄色又肥又壮，尚未"金蝉脱壳"，双翼被蝉皮裹着，故不能飞……

请你写一段观察的短文。

挖"知了"还要注意两点：

1. "知了"一般在夏至前后出洞（6月21日前后），你要赶在它们出洞前。

2. 蝉洞一般只有10厘米左右深，上小下大略弯，大小和开头都有点像香蕉、茄子，有别于蚯蚓洞和一般虫洞，洞壁四周光滑。由于挖掘时惊动的缘故，蝉一般在洞底，所以一定要一直挖到洞底，不要

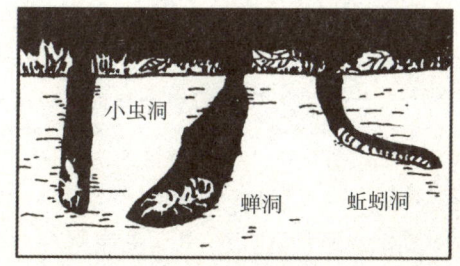

蝉洞

半途而废。

相关链接

1. 小暑

表示夏季开始炎热的节气。我国大部分地区开始进入较热的时期,但还不是最热的时候。此时长江中下游地区临近梅雨结束,盛夏即将开始。小暑开始后天气晴朗,气温突升,总有一段干旱期,称为伏旱。据上海近百年气象资料统计,梅雨结束后连续30天以上不下透雨(日雨量小于15毫米)的共达31年,平均3年一遇。伏旱不可避免地带来高温。在黄河流域和华北一带,由于南方梅雨带北移,雨季开始,农谚有"小暑雨连绵,防汛要当先","防涝准备好,协力战胜天"等说法。

2. 古时小暑物候

温风至,蟋蟀居宇,鹰始鸷。

小暑第一候是"温风至",这里的"至"不是到的意思,而有极致的含义,温热之风到小暑时节吹到极致,带来暑热之气。

小暑第二候是"蟋蟀居宇",有非常有趣的来源,《诗经》中有《七月》一首描述节令的文字,周历之七月正是夏历五月,全诗不仅描述七月,也有全年岁时活动,关于蟋蟀的文字有"七月在野,八月在宇,九月在户,十月蟋蟀入我床下"。八月在宇正是夏历的六月居宇,宇是庭宇。说明暑气已逼得蟋蟀从野外藏到庭院里避暑来了。

小暑第三候是"鹰始鸷",是老鹰开始飞出来,并学习搏击的方法。

知识窗

1. 蝉

古称"蜩"。昆虫纲,同翅目,蝉科昆虫的统称。蝉的体型较大,体长1-4厘米。

蝉是不完全变态昆虫。雌蝉在交配后爬上桑、柳等树枝上,用有锯齿的产卵器刺入嫩枝皮层,随即将卵产在里面,一边爬一边刺,一直将卵产完为止。这时,雌蝉已筋疲力尽,产卵后就死去。卵依靠太阳的温暖发育孵化,幼虫孵出后,遗留下来的外皮形成一条细丝,常将幼虫倒挂在半空中。不久,幼虫降落到地面,钻入树根周围的土中。经过两三年,或更长时间(寿命最长的可算美国的十七年蝉,在地下生活期长达17年)。幼虫蜕皮七次,变成拟蛹。出土后又爬上树干,经最后一次蜕皮才变为成虫。成虫出壳后爬上树枝不久就能大声鸣叫。蝉出土后一般只能活一周左右，最长约一个月。雄蝉交配后就自然死去。

蝉是一种园林害虫。成虫刺吸植物汁液，在树枝上刺了很多洞产卵，危害果树林木，幼虫长期生活在土中，吃树木的嫩根，危害林木。

2. 昆虫

节肢动物中种数最多的一大类群。特征是成虫身体分节，由部分体节相互愈合，组成头、胸、腹三部分。有3对足，这是昆虫的一个主要特征，有别于其他节肢动物。在背面生有两对翅膀（也有些种类退化成一对或完全没有）。

有些昆虫的幼虫生活在水里，如蜻蜓、蜉蝣、蚊等，多数的幼虫生活在陆地上。各种昆虫的生活世代相差很大，有的一年可发生几十代，如棉蚜；有的十几年才完成一个世代，如美洲十七年蝉。体形的大小相差也很大，最长的超过260毫米，如巨型竹节虫；最短的体长约0.25毫米，如微小缨甲。

昆虫的种类很多，全世界已知约有100万种，占整个动物界种类总和的3/4。分布极广，从赤道到两极、从沙漠到海洋、从地下到空中、从平原到高山都有。

昆虫和人类关系很密切，有很多种类危害农林，如蝗虫、天牛等；有不少种类危害人和动物的健康，如蝇、蚊等；有一些种类是害虫的天敌，如寄生蜂、草蛉等；有些种类对人类有益，如蚕、蜜蜂等。

五月"知了"大闹美利坚

2004年5月，就是这种普普通通的昆虫，在美国首都华盛顿和东部的15个州闹了个"家喻户晓"。5月份，这种黑色身体、多数长着红色小眼睛的昆虫经过17年的地下生活，一下子"苏醒"过来，成千万上亿地爬出地面。它们背着薄得透明的"蝉翼"发出达80～100分贝的求偶鸣叫声，扑腾乱飞，往路人身上冲撞，汽车开过时往往压到蝉尸一片。

奇怪的是，这种被叫作"BroodX"的美国蝉与众不同，到地面上只待两个星期，在这段时间里，它们忙碌地蜕壳、交配、产卵，然后死亡。就像约好一般，到6月中旬，蝉全部消失，再要见到它们必须等到2021年——另一个漫长的17年。

人们给了它们两句话："避天敌，遁世十七年；出地面，狂飞十四天。"

12. 荷花工艺制作

每年阳历 7 月 22 日~24 日间，我国的"大暑"节气开始了。

小暑之后太阳黄经 120° 的位置时，就是大暑。大暑乃炎热之极，是一年之中最炎热的日子。民间有谚语"最热三伏天"，正是小暑后到立秋前的这段时间。

炎热的盛夏，还是荷花盛开的季节。高洁的荷花，亭亭玉立，出污泥而不染，给人以清新高雅之感。

荷花

基本活动

做个纸壁挂——《荷塘情趣》

做壁挂有多种材料可供选择，今天介绍以纸为主要材料制作的壁挂——《荷塘情趣》。

设计构思

1. 勾画草图。

《荷塘情趣》草图

2. 寻找制作材料，分别制作荷花、莲蓬和荷叶。荷花由花蕊、花瓣和花梗组成：花蕊要有一定的支撑力度，可考虑用蜡线制作；花瓣有大小和造型的区别，可采用云纹纸进行加工和造型；花梗既要支撑起荷花，又要能弯曲成形，一般用铁丝做骨架，在外面裹上绿色胶带（花市有卖）。莲蓬可选用造型土塑造。荷叶用绿色纸做。

3. 荷花的分解图

花瓣分为①、②、③号，大小各异。

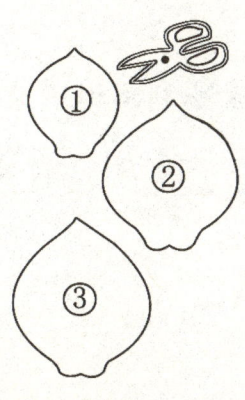

剪花瓣

制作工艺

1. 花蕊

将长 30～45 毫米的蜡线一端打单结，然后在黄颜料中加些白胶，将结浸入颜色液中，再取出晾干。

2. 花瓣

①、②、③号花瓣各剪 6 片，并造型。造型的方法：卷曲——可用牙签裹卷成型；碗状——将花瓣放在掌心，用玻璃球加压造型。

3. 莲蓬

用造型土搓成半球状，用吸管压出造型，戳出莲子洞，下端插入直径 2 毫米的铁丝，把造型土与铁丝捏紧，然后上色。

4. 荷叶

先用废的圆球笔芯勾划出叶脉痕迹（右图），不要留油墨笔迹。然后用折褶、卷曲的方法造型。

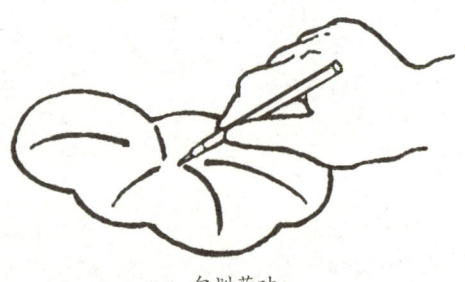

勾划荷叶

5. 底板

可选三合板或瓦楞纸做衬板，外包装饰纸，中间贴上白色挂历纸，四周用金色即时贴包边。

6. 组装

按以下顺序在底板上粘合组装：荷叶—花蕊—①号花瓣—②号花瓣—③号花瓣—莲蓬—两花梗。粘合剂用白胶。

一幅富有立体感的壁挂就完成了。

探究活动

废物利用做荷花

找废蚕茧做花朵和花苞，泡沫塑料削成莲蓬（涂绿色），绿色纸剪成荷叶，并用铁丝和绿色皱纹纸做花梗和叶柄，最后组装成荷花。

夏季的节气 57

蚕茧做荷花

相关链接

1. 大暑

表征盛夏最热的节气。这时正值中伏前后,骄阳似火,溽暑当令。全国大部地区进入一年中最热时期。黄河流域,西安最热时期是 7 月 25 日～29 日,济南、开封都是 7 月 15 日～19 日;长江流域也是如此,上海 7 月下旬平均气温达 28.5℃,是全年各旬平均温度的最高值,7 月下旬的最高气温大于 30℃的炎热日子,长达10天之多。大暑前后的高温，也正是热雷雨出现的频繁时期，炎风暑雨很有利水稻生长，俗话说："三伏不热，五谷不结。"

2. 古时大暑物候

腐草为萤，土润溽暑，大雨时行。

大暑第一候是"腐草为萤"，指乡间田野的萤火虫在盛夏被孵化出来。

大暑第二候是"土润溽暑"，说明此时土地湿润，使得天气又湿又闷又燠热，这样的郁闷气候令人胸闷气躁很难过。

大暑第三候是"大雨时行"，是湿热到极点的时候，水气充沛的天空终于降下大雨，这种痛快的大雨正好冲散土地散出的燠热气息，进入立秋的节气。

夏末之夜，人们愿意看到的"腐草为萤"的美丽景象已绝版。萤火虫这种不耐污染的昆虫在生物圈内已失去原有的生存环境。这种沿袭了几千年的物候现象，将有成为传说的终极可能，难道这小小萤火虫真的只是昆虫，不值得人们去追寻？

知识窗

荷花

荷花又名莲花、水芙蓉、芙蕖、泽兰等，莲科多年生水生宿根草本。荷花因其用途不同可分为藕用莲、籽用莲、观赏莲等。因其花大色艳，花色有粉红、红、白等，盛夏开花，历来受到人们的喜爱。

荷花喜阳光充足、温暖多湿、平静的环境，25℃左右是荷花生长发育的最适温度。在立秋前后气温开始下降时，新藕开始生长。它喜在含有有机质多的微酸性黏土或壤土中生长，不耐淹，忌水深淹没荷叶，严重时可造成死亡。花期在盛夏。

因此民间有"大暑"莲蓬水中物之说。

拓展思考题

1. 为什么"夏至"拉开了自然界夏天的序幕？
2. 俗称"枯夏"和立夏称重有什么关系？
3. 北回归线每年会向南推移，是什么原因？
4. 你能讲讲大树年轮里的学问吗？
5. 如何做"知了"，才能有好听的鸣叫声？

秋季的节气

　　秋季是一年中的第三个季节,包括农历七月至九月,也有六个节气:立秋、处暑、白露、秋分、寒露和霜降。该季节气候凉爽,平均气温在10℃~22℃之间,同时雨量减少,各种农作物成熟,是农村的大忙时节,但各个节气的活动又不一样。

13. 秋天贴叶画

每年阳历 8 月 7 日～9 日间，我国的"立秋"节气开始了。

"立秋"节气也是我国早期"八节"之一。

大暑之后当太阳黄经 135° 位置时，就是立秋。立秋时暑去凉来，有秋天开始的意思。此后气温逐渐下降。民俗解说"秋就也，万物就成的意思"。立秋的时候，农作物就都快要成熟了，这在农村的生产、生活上都有明显的表现。

在秋天的丰收后，也进入了落叶飘零的季节，在人们感慨秋天的萧索时，可以利用落叶这一大自然制造的精致材料，发挥自己的想象和创意用于贴叶画创作，把秋天带回家。

树叶有大小，有针形、条形、披针形、卵形、椭圆形、圆形、心形、扇形……多种形状，颜色也是丰富多彩的，包括绿色、黄色、红色、灰色……如果剪贴得当，你的贴叶画一定会惹人喜爱的。

贴叶画

基本活动

贴叶母鸡

下面介绍一只母鸡的贴制方法。

这是一只伏巢孵卵状的母鸡。

先用四片合适的香樟树叶剪贴成鸡颈和鸡身（图 1～4）；嘴用较厚实的黄色叶子剪贴；眼睛用浅色花瓣，中间贴一粒压扁的小种子；半片悬铃木叶贴成鸡冠；肉垂用瓜子黄杨叶；尾部用罗汉松叶（图 5）修饰。

活动注意事项：

1. 所有叶子都要洗净、压平。

2. 贴前先要把叶子放在纸上试排，注意比例大小、颜色层次，而后进行修剪。贴时要先大后小，先上后下。

3. 用白胶水粘贴，可防止发霉，能长期保存。

4. 在采集叶子时要注意保护环境。要有组织进行活动，在不宜采集的地点不组织活动。

贴叶母鸡

探究活动

观察叶子

在贴叶活动中要学会认识叶子和观察叶子。

在植物的根、茎、叶、花、果实、种子六类器官中，叶的数量最多，面积最大，形态最为显著。人们辨认一种植物时，总是先看叶的形态特征。因此，观察植物，应该从叶开始。

叶的形态特征，主要表现在叶形、叶尖、叶基、叶缘和叶脉等五个方面。观察活动主要将这五个特征观察清楚。

1. **叶形** 是指整个叶片轮廓的形状，不同植物叶形常不相同，常见的叶形有针形、条形、披针形、卵形、椭圆形、圆形、心形、菱形、三角形等。

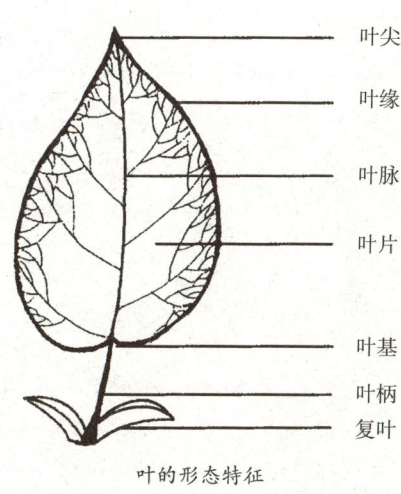

叶的形态特征

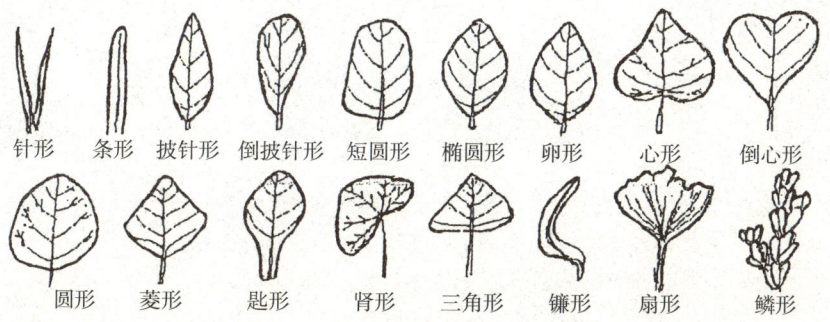

叶形

2. **叶尖** 是指叶片尖端的形状。常见的叶尖形状有锐尖、渐尖、钝形、尖凹、骤尖等。

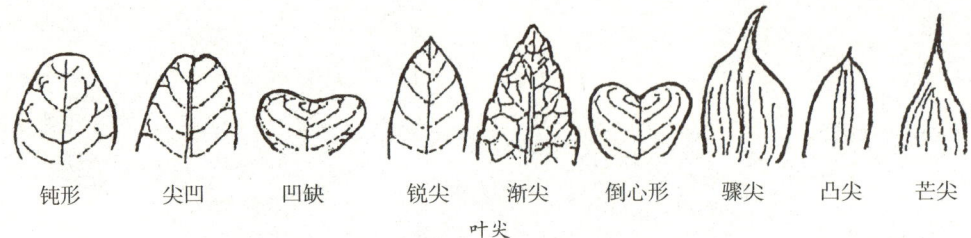

钝形　尖凹　凹缺　锐尖　渐尖　倒心形　骤尖　凸尖　芒尖

叶尖

3. **叶基** 是指叶片基部的形状。常见的叶基形状有心形、耳形、箭形、戟形、楔形、渐尖形、截形等。

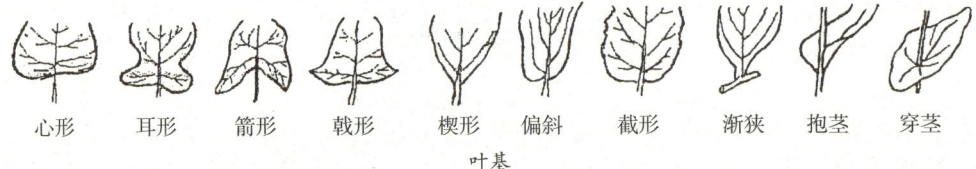

心形　耳形　箭形　戟形　楔形　偏斜　截形　渐狭　抱茎　穿茎

叶基

4. **叶缘** 是指叶片边缘的形状。常见的叶缘形状有全缘、锯齿状、波状、深裂等。

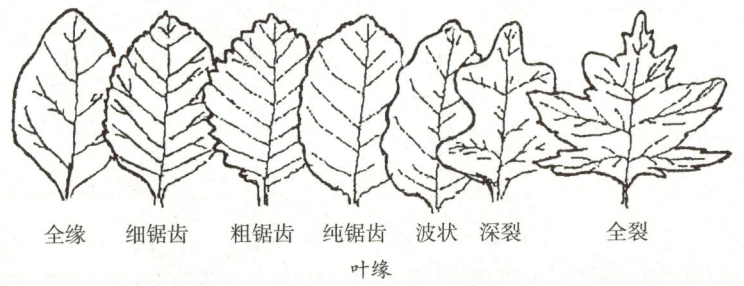

全缘　细锯齿　粗锯齿　纯锯齿　波状　深裂　全裂

叶缘

5. **叶脉** 主要有网状脉、平行脉和叉状脉三种。其中网状脉又分羽状网脉和掌状网脉；平行脉又分为直出平行脉、侧出平行脉、弧状平行脉和辐射平行脉。

掌状网脉　直出平行脉　弧状平行脉　羽状网脉　辐射平行脉　侧出平行脉　叉状脉

叶脉

如果你有兴趣的话，可以采集和制作一套叶子的标本。当然，这要非常认真和非常努力的哟！

相关链接

1. 立秋

反映季节变化的节气之一。我国习惯上把立秋作为秋季的开始。我国幅员广漠，海拔高度不一，地理位置不同，不可能在某一天同时入秋。按照气候平均气温10～22℃之间为春、秋的标准。此时除了纬度偏北和高寒地区而外，我国大部地区仍然处在炎夏之中。根据气象资料统计，我国大部地区要到9月下旬才达到气候上规定秋季的标准。此外，立秋是指秋季农作物收获的开始。立秋确是农业生产上的关键时期之一。

2. 古时立秋物候

凉风至，白露降，寒蝉鸣。

立秋的第一候是"凉风至"，这里的凉风不是《淮南子》"八风"中的凉风，而是经过大暑的大雨，暑气渐消后带来的凉风，而这时风向也有所移动，不再是热带刮来的热风。在华南沿海、我国台湾地区及日本，这时是热带性低气压，形成台风的时候到了，进入台风季节。

立秋第二候是"白露降"，这时所谓的白露并非指露水，而是指立秋以后，气温下降天地间白茫茫一片，尚未凝结成珠，这种白露更像白雾。这是起雾的时节。

立秋第三候是"寒蝉鸣"，是源自《夏小正》"七月"上的句子，在秋天叫的蝉，称之为寒蝉，是一种体积比较小的蝉，也叫寒蜩，它的外壳是青赤色的，据说也是感应到了阴气而鸣叫的。

知识窗

1. 植物的叶

叶长在茎上，是植物进行光合作用，制造养分的器官。

叶片中叶绿体细胞，是进行光合作用的场所，人们称它是"绿色化工厂"。叶脉是运输管道，负责运输水分和养分，并支持叶片向空中伸展。

在阳光的照射下，叶片中的叶绿素"开工生产"，原料是叶脉送来的水、气孔从空气中吸收的二氧化碳，加工成自己需要的营养，同时放出氧气。这就是植物特有的光合作用。光合作用不仅养活了植物自身，还给人类和动物带来了氧气和丰富的食物。

2. 叶片为什么是绿色的

我们知道叶片的叶肉细胞中，有许多叶绿体，每个叶绿体内含有大量的叶绿素。叶绿素是一种吸收太阳光能进行光合作用的色素。但是叶绿素吸收太阳光时，并不

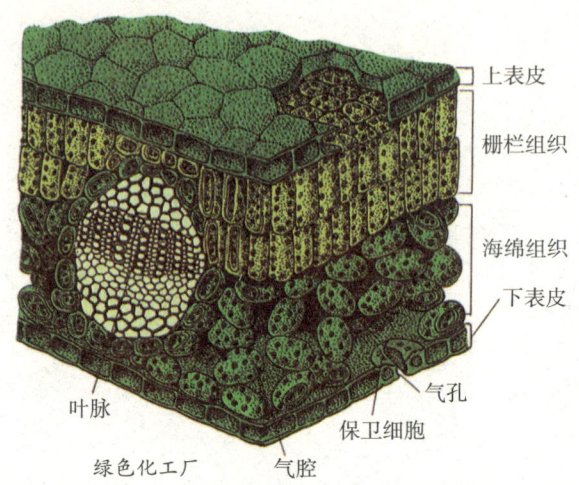

是吸收全部光线，而是主要吸收红橙光和蓝紫光，不吸收绿光。绿光因而从叶片中被反射出来，使得叶片呈现绿色。这就是叶片是绿色的原因。

3. 为什么叶片的形状多种多样

让我们先具体分析几种叶片形状的成因。

莲是水生植物，它的叶浮在水面上，水面的面积较大，光线充足，使得莲叶有可能以辐射状态，向四面八方生长。莲花世世代代在这种环境中，逐渐形成圆形叶片，一代代传递下去。

金鱼藻也是水生植物，但是它的叶沉入水中，由于世世代代遭受水流冲击，叶片逐渐分裂，形成许多条形的裂片。这样的叶形减少了对水流的阻力，从而能使叶片免遭水流破坏。

桃树的叶在茎上互生，它的叶片呈披针形，这种狭窄的叶形使得同一茎上的各枚叶片，互不遮光。显然这种披针形的叶形，是经过多代演化而成的。

由此可知，各种各样的叶片形状，之所以千变万化，既和所处的环境条件有关，也和植物自身的结构有关，是长期适应各自生存环境的结果。

14. 萝卜造型

每年阳历 8 月 22 日~24 日间,我国的"处暑"节气开始了。

立秋之后太阳黄经 150°位置时,就是处暑。"处"在古代有"退"或"止"的含义,处暑也就是暑气到此时开始退散,炎热的天气到此为止,金秋开始了。这个时期,高粱、玉米、胡麻、棉花、黍子、芝麻、红枣和南瓜相继成熟。古时有"处暑满地黄,家家修粮仓"的说法。大地由葱翠浓郁深沉的绿色变成沉甸甸的金黄,煞是喜人。

民间有"处暑萝卜白露菜"之说。

基本活动

萝卜造型

常见的萝卜有红萝卜、白萝卜和胡萝卜。它生在地下:肉质根很粗壮,是人们喜欢的一种蔬菜。

我们可以利用萝卜外形的特点来造型,或切削、或雕刻。

选择一个多根须的圆形红萝卜,做个丑娃子。

萝卜

1. 先将根须系上红绳带,作为辫子。

2. 再用即时贴做眼睛,用橡皮泥做鼻子。

3. 最后用刀刻出带笑意的大嘴。

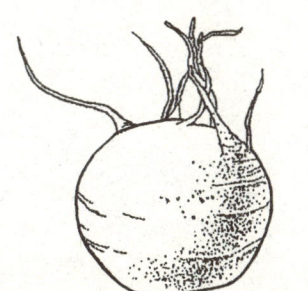

丑娃子造型

一个可爱的丑娃子便做成了。

造型的成败，关键在萝卜外形的选择上，当然也离不开你的创新设计了。

探究活动

萝卜是植物的根。

1. 观察植物的根

大树直立在地面，轻易不会歪倒；小草长在地上，大风吹不走。因为大树和小草都有根，地下的根起着固定植株的作用，根还从土壤中吸收水分和矿物质，供植物生长使用。

自然界还有一些植物生有变态的根：例番薯的贮藏根；浮萍的水根；兰花的气生根；桷斗的寄生根等等。

你是否能收集资料探究一番。

植物的根

2. 观察根的构造

根的种类和形态虽然多种多样，但内部构造却大体相同。

根将植物固定在地上，不可能像动物到处走动寻找营养，只能依靠发达的根去吸收营养。有的大树主根深入地下 10 多米，在四周张开的根，比树冠大好几倍。根系有两种：直根系和须根系。

直根系：主根明显，垂直向下生长。生长的主根上的侧根斜伸向四周生长。由主根发出的根，称为定根。

须根系：主根很早就停止生长或萎缩。所有的根粗细都差不多，看起来好像一大把胡须。这些根由根的基部长出，称为不定根。

请你找一棵合适的植物探究一下它的根。

相关链接

1. 处暑

表征盛夏气温开始明显下降的一个节气。表示炎热的暑天快要结束。这时三伏已过，北方冷空气南下次数开始增多，气温急剧下降，天气开始转凉，是比较明显的降温转折点。由西安等地降温情况可以看出：大暑过后，气温逐渐下降，一般每候（五天）只降温 0.5℃ 左右，由大暑到处暑前共降温不到 3℃，而处暑后降温加剧，一候就能降温 2℃ 左右。

西安等地大暑到处暑间各候（五天）的平均气温（℃）

月日 地名	7月		8月					9月
	25~29（日）	30~3（日）	4~8（日）	9~13（日）	14~18（日）	19~23（日）	24~28（日）	29~2（日）
西安	28.7℃	28.0℃	27.6℃	27.0℃	26.3℃	25.5℃	23.7℃	23.3℃
济南	28.2℃	27.9℃	27.8℃	27.7℃	26.7℃	26.2℃	24.9℃	24.6℃
开封	28.0℃	27.0℃	27.5℃	27.2℃	25.7℃	25.0℃	23.7℃	24.3℃

2. 古时处暑物候

鹰乃祭鸟，天地始肃，禾乃登。

处暑第一候是"鹰乃祭鸟"，老鹰到秋初时喙长硬开始学习捕捉猎物，正是《夏小正》"六月"篇所述"鹰始挚"，到了处暑时，老鹰已经很迅速地就能捕捉其他禽鸟为食，并将猎物先陈列如祭而后食。此处是相对应于惊蛰第三候"鹰化为鸠"，如同"春为鸠秋为鹰"的说法。

处暑第二候是"天地始肃"，"肃"是肃杀之气，古时有"秋决"的规定，也就是顺天地肃杀气而行刑。《吕氏春秋》上说："天地始肃，不可以赢。"告诫大众秋天是不骄盈要收敛的时节。以阴阳论来解释，认为"阳道常饶而有余，阴道常乏而不足"。阴阳之气不调和，故有肃杀之气。

处暑第三候是"禾乃登"，"禾"是黍、稷、稻、粱类作物的总称，"登"是成熟的意思，如同《吕氏春秋》上所说"农乃升谷"，农民把成熟的禾谷献给上天。

知识窗

萝卜

双子叶植物，十字花科。一两年生草本。它的肉质根很粗壮，有圆、扁圆、圆锥、长圆锥等形状。皮色有白、绿、红紫等。肉色有白、淡绿、鲜红、紫红等。叶片大，有的是羽状分裂，有的不分裂。总状花序，花白色或浅紫色，结角果。性较耐寒，有些品种能耐热，我国各地都有栽培，适宜在砂壤土上种植。可生吃也可熟食，生吃时有辣味，是一种芥子油引起的，有的品种辣味少些，有的多些，一般皮比肉辣，长形的萝卜，尾端一般辣味较重。

萝卜是我国古老的蔬菜品种，栽培历史悠久，种子称莱菔子。

15. 棉花做玩具

每年阳历 9 月 7 日～9 日间，我国的"白露"节气开始了。

处暑之后太阳黄经 165°位置时，就是白露。此时是由炎夏进入秋凉的季节。

黄河流域，在白露这一节气大多是晴好天气，农村进入了三秋大忙季节，主要是春播作物收割、播种冬麦，棉花则到了吐絮盛期，农民会抓紧收花和晒花。

孩子们会收捡废弃棉花做玩具。

采棉花

基本活动

棉花做个大肥猪

这是立体的制作状态。

1. 将棉花团成肥猪的躯体。

2. 另取一小团棉花，用团和包的方法做成肥猪的头部，并用白胶粘在肥猪的躯体上。

3. 取少量的棉花，用卷和搓方法做成肥猪的鼻子。中间用细铁丝造型，并轻轻地插入肥猪的头部固定。

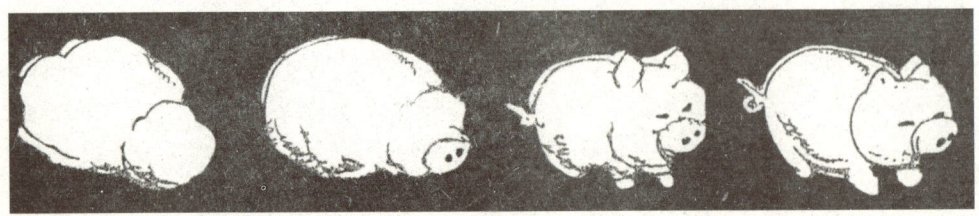

大肥猪

4. 最后用黑色纸剪成大耳朵、小眼睛和四个脚掌分别粘贴在相应的位置上，稍加整理后，一只可爱的肥猪就做成了。

5. 根据作品大小，取底板1块，把肥猪用白胶粘在底板上。

探究活动

棉花画新设计

我们可以把布、线纱等材料和棉花贴画组合起来设计一些新颖的棉花工艺品。

"布"有着纤维艺术较强的装饰性，用布贴画的作品根据纺织品各种不同质地、不同纹理、不同图案、不同色彩、不同光泽、不同效果，而形成画笔所不能取代的艺术特点，成为耐人寻味而富有装饰情趣的艺术作品。

"线纱"包括毛线、棉纱头、回纺丝等，用来做成贴画等工艺品，具有立体感和厚重感，再加上线纱的色彩品种很多，因此其作品一定色彩丰富，具有理想的装饰性。

因此把布、线纱和棉花等材料组合起来设计一些新颖的工艺作品，将会乐趣无穷。

山水

日出

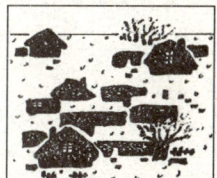
瑞雪

棉花画新设计

相关链接

1. 白露

地表气温日趋降低，进入初秋的节气。天气逐渐转凉，昼暖夜寒，清晨和夜间近地面水汽凝结在树木花草上，表现为白色露珠。天空晴朗少云，人们通称"秋高气爽"。

2. 古时白露物候

鸿雁来，元鸟归，群鸟养羞。

白露第一候是"鸿雁来",春时鸿雁北飞,而秋时又自北方南来。

白露第二候是"元鸟归",燕子春去秋来。元鸟就是燕子。

白露第三候是"群鸟养羞",指群鸟的羽毛更丰满,可以过冬了。许多鸟类都有冬羽和夏羽的区别。

知识窗

露 水

露水是白露的一大特征,露水的出现标志着天气转凉。"三伏适已过,骄阳化为霖。""白露秋风过夜,一夜冷一夜。"说的就是这个意思。

露水是空气中的水汽接触到较冷的地面或物体表面(温度在0℃以上)凝聚而成的水珠。

常形成于夜间和清晨,日出后蒸发而消失。晴朗无风的夜间,地表面和物体表面散失热量快,使邻近的大气温度剧烈下降,水汽就易凝成露珠,所以有"露水起晴天"的说法。

露的凝结量很小,温带地区夜间露的凝结量约相当于0.1~0.3毫米的降水量;热带地区夜间露的凝结量相当于1毫米的降水量,多露的夜间可相当于3毫米的降水量。露的凝结量虽小,但对植物生长十分有利,尤其在干燥地区和干热天气下,露对维持植物生命有重要作用。

露水

· 小博士 ·

1. 棉、棉桃和棉花

棉花和棉可不一样，棉花是雪白的棉丝（棉絮），是种子皮上的纤维，可织成布，制成衣，棉花不是花。棉是一种植物的名字，花乳白色、黄色或带紫色，而且生长时还变颜色。棉桃是棉的果实，成熟后即吐絮，这丝状絮就是棉花。

2. 棉籽有望成粮食

棉花一直是为人类提供保暖、制衣原料的重要农作物，而棉花中的棉籽虽富含蛋白质，但其中含有一种名为棉籽酚的有毒化学物质，人类食用后，血液里的钾含量会大大降低，使人感到疲劳，严重的话还会导致瘫痪。因此长期以来，人们普遍弃用棉籽。

一株棉

近日出版的美国《国家科学院学报》报道，美国的研究人员成功通过基因改造技术把棉籽内棉籽酚含量降至极少甚至零的水平，使得棉籽有望成为人类的重要食物来源，从而帮助解决粮食短缺的问题。经过改良的棉的茎和叶仍然含有大量的棉籽酚，这有助于植物驱赶害虫。

统计数据显示，目前全球有80个国家种植棉花，每年的棉花总产量大约为4 400万吨。棉花每产生1千克棉絮，同时也产生1.65千克的棉籽。研究人员表示，按照目前的棉花产量计算，可食用的棉籽每年能为全球多达5亿人口提供珍贵的蛋白质来源。有研究人员试吃过用棉籽制成的食品，表示味道很不错。棉籽还可以被烘烤煮熟，加盐调味后会发出"果仁的香味"。

16. 秋菊纸花工艺

每年阳历9月22日～24日间,我国的"秋分"节气开始了。

"秋分"节气也是我国早期"八节"之一。

白露之后太阳黄经180°位置时,就是秋分。秋分日夜等长,表示阴阳等分,而且寒暑也相当,天气不冷不热。秋分过后阴日盛,夜也始长,当然天气也开始转冷了。

当秋风寒露,百卉凋零时,菊花却傲放于秋露冬霜之中,同学们可以开展赏菊、种菊、制作菊花工艺品等实践活动。

菊花的花期为9～12月间。

菊花

基本活动

做朵纸菊花

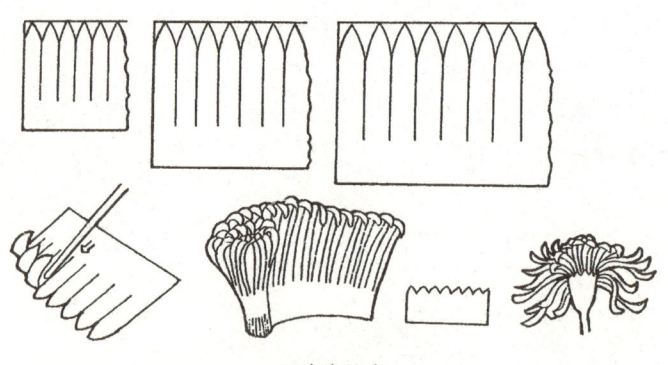

纸菊花制作

纸菊花的制作简单可行,顺序如下。

1. 取白色皱纹纸5厘米×20厘米、8厘米×30厘米、10厘米×50厘米各一条,分别剪成锯齿状花瓣,下端留1厘米不剪断。

2. 将梳齿形的花瓣

纸条放开，瓣尖朝外，平摊在有弹性的物体上（如在腿上垫布或在沙发垫上等）。用圆滑的粗毛线针头在上划压，使花瓣自然弯曲。

3. 按小、中、大的次序，将花瓣纸条下部加皱成花形，用铁丝扎紧蒂部，包上花萼后用绿皱纸条捻梗，再整理花瓣成菊花。

成形

（刘小地　供稿）

探究活动

用装饰带设计制作菊花

请你寻找礼品装饰带若干，设计并制作菊花工艺品，参考如下制作图。

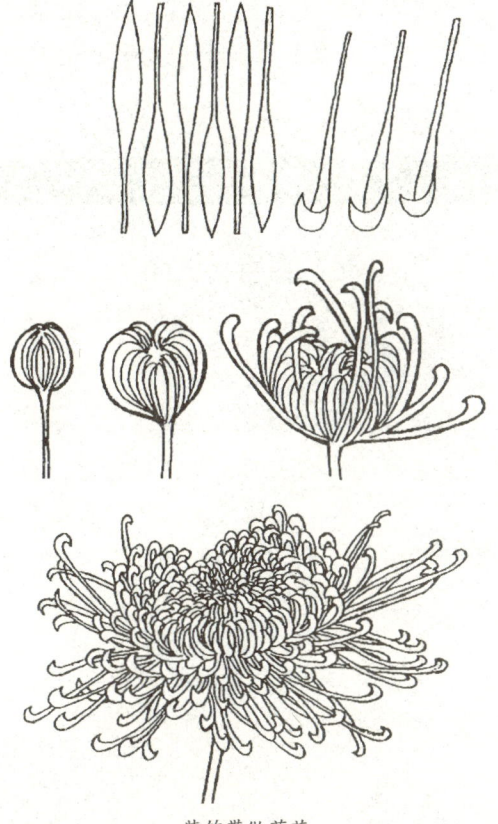

装饰带做菊花

（刘小地　供稿）

相关链接

1. 秋分

秋分也是反映季节的节气之一。秋分这天和春分一样，阳光直射赤道，昼夜几乎等长。秋分以后，阳光直射位置更向南移，北半球日趋昼短夜长，气温逐渐降低。全国大部分地区候（五天）平均温度先后降至22℃以下，按气候学划分四季的标准，已先后进入凉爽的秋季。秋分后冷空气活动频繁，原先盘踞在大陆上暖空气迅速南退，我国大部分雨量明显减少，秋雨已基本结束。

2. 古时秋分物候

雷始收声，蛰虫坏户，水始涸。

秋分第一候是"雷始收声"，相对于春分的"雷乃发声"，古人认为雷是因为阳光盛而发声，秋分后阴气开始盛，所以雷声收了。

秋分第二候是"蛰虫坏户"，"坏"是指细土，这句话表示，众小虫都已经穴藏起来了，还要用细土把穴洞口尽量封起来，以避免寒气入侵。

秋分第三候是"水始涸"，"涸"是枯竭的意思，在华北地区春夏季水源较丰沛，而到了秋季水气开始干涸。也许是由于气候干燥，所以我们说秋高气爽，夜晚也没有乌云掩月。

知识窗

秋冬傲霜话秋菊

晋朝陶渊明曾有"采菊东篱下，悠然见南山"的诗句，可见古人已有借菊花寄托情思的意趣。菊花的栽培在我国已有数千年历史。今天，菊花的栽培更为广泛，从花园苗圃到阳台案几，处处都有菊花陪伴人们的生活。菊花可供观赏，菊花可入药，菊花可制茶。菊花又名秋菊、黄花等，菊科宿根花卉，是我国传统名花之一。菊花适应性强，对气候和土壤要求不严，我国各地均可栽培；在富含腐殖质、排水良好的砂质壤土及通风凉爽的气候条件下生长良好；耐霜寒，10℃以上时开始萌芽，20～25℃时最适合生长；对二氧化硫、氯等有害气体有一定的抵抗能力。

17. 菱角造型

每年阳历10月8日~9日间，我国的"寒露"节气开始了。

秋分之后太阳黄经195°的位置时，就是寒露。"寒"是冬天的冷气，秋凉而凝成白露，秋冷而凝成寒露。民间农谚说"露水先白而后寒"，是气候由凉到冷逐渐转变的缘故，寒露以后天气更冷，就是霜降了。

菱角

江南水乡的10月份，是一年生的水生植物菱角采集的日子。

一只只菱桶，一个个身影，披着满身霞光，唱着好听的民谣：我们的菱滩是金滩、银滩、白米滩，好酒、好菜、水中来……

基本活动

菱角做"水牛"

菱角——名"菱"，是一年生草本植物，春季直播秋季长成果实采收，果实供食用，鲜嫩者可作水果。

吃了菱角留下的壳，可以做成各种工艺品，十分简单有趣。我们先做个"水牛"试试。

将烧熟的菱角，用刀横切，挖去菱肉，把角质硬壳洗干净，放置通风处阴干备用（不可曝晒）。

选一只对称的菱角切割，切出一对牛角用百得胶粘接；再选一段似牛头的菱壳，与牛角粘合，制成牛头；接着选择较大的菱壳进行切割，分段粘合，做成牛的身体；然后选两对菱角尖制成牛的四肢；最后选最细的菱角尖做尾巴，一头"水牛"就做好了（下图）。涂上清漆，便更加光泽美观。

（董光天　供稿）

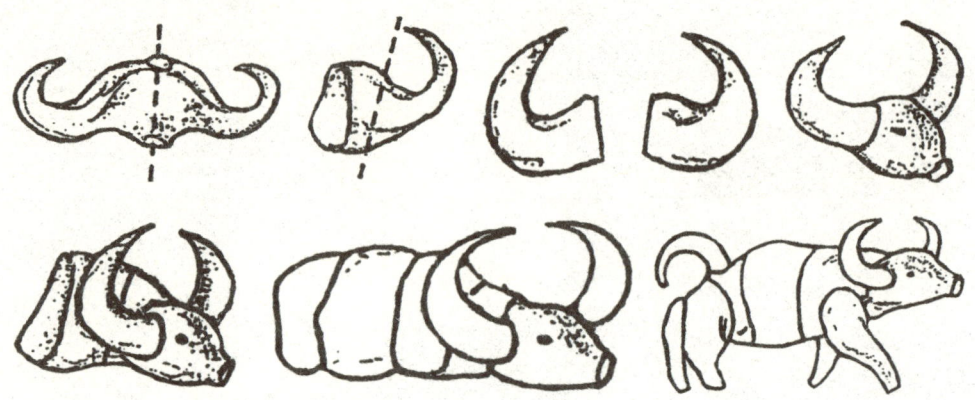

菱角做水牛

各式水牛造型的制作（下图）。

1. 在画稿上找出分解线，按分解图各部分的大小去寻找合适的菱壳。
2. 拼接要先粘牛头，再粘牛身和牛脚。
3. 上光。
4. 做底座。底座材料可找有机玻璃、磁砖或宝丽板等。

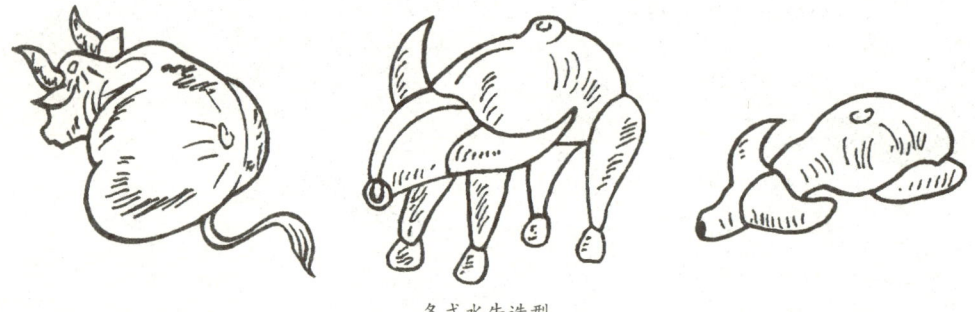

各式水牛造型

探究活动

植物的果实和种子

世界上没有不开花就结果的植物，总是先开花后结果。果实是子房膨大而形成的，种子是受精后的胚珠发育成的。

大豆结果的过程——雌蕊受粉和受精后，花瓣凋谢，子房部分慢慢膨大，结成果实——豆荚。豆荚里的豆就是种子。

秋季的节气 77

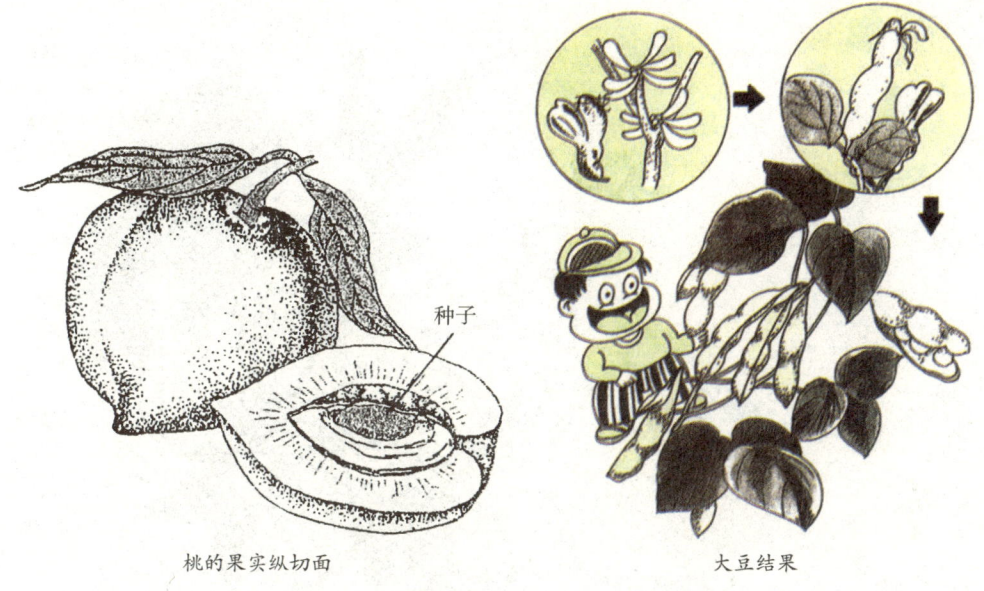

桃的果实纵切面　　　　　　大豆结果

植物种子的构造和长成

种子最重要的部分是胚,它是正在沉睡的幼小生命。它醒来的时候,就发育成一株植物。胚的外层是种皮,起保护作用;胚乳贮藏着营养,供幼胚发育生长。

水稻种子的构造及发育生长的状况。

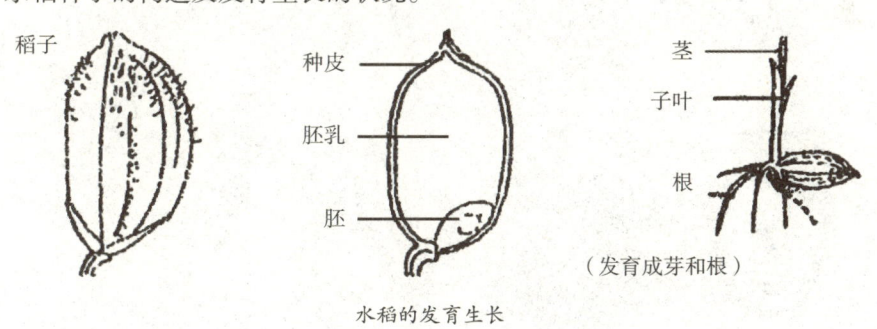

水稻的发育生长　　　　（发育成芽和根）

植物果实的多样性

单果:大多数植物的果实,都是只由一个子房发育而成,叫做"单果",单果又分为肉果和干果。

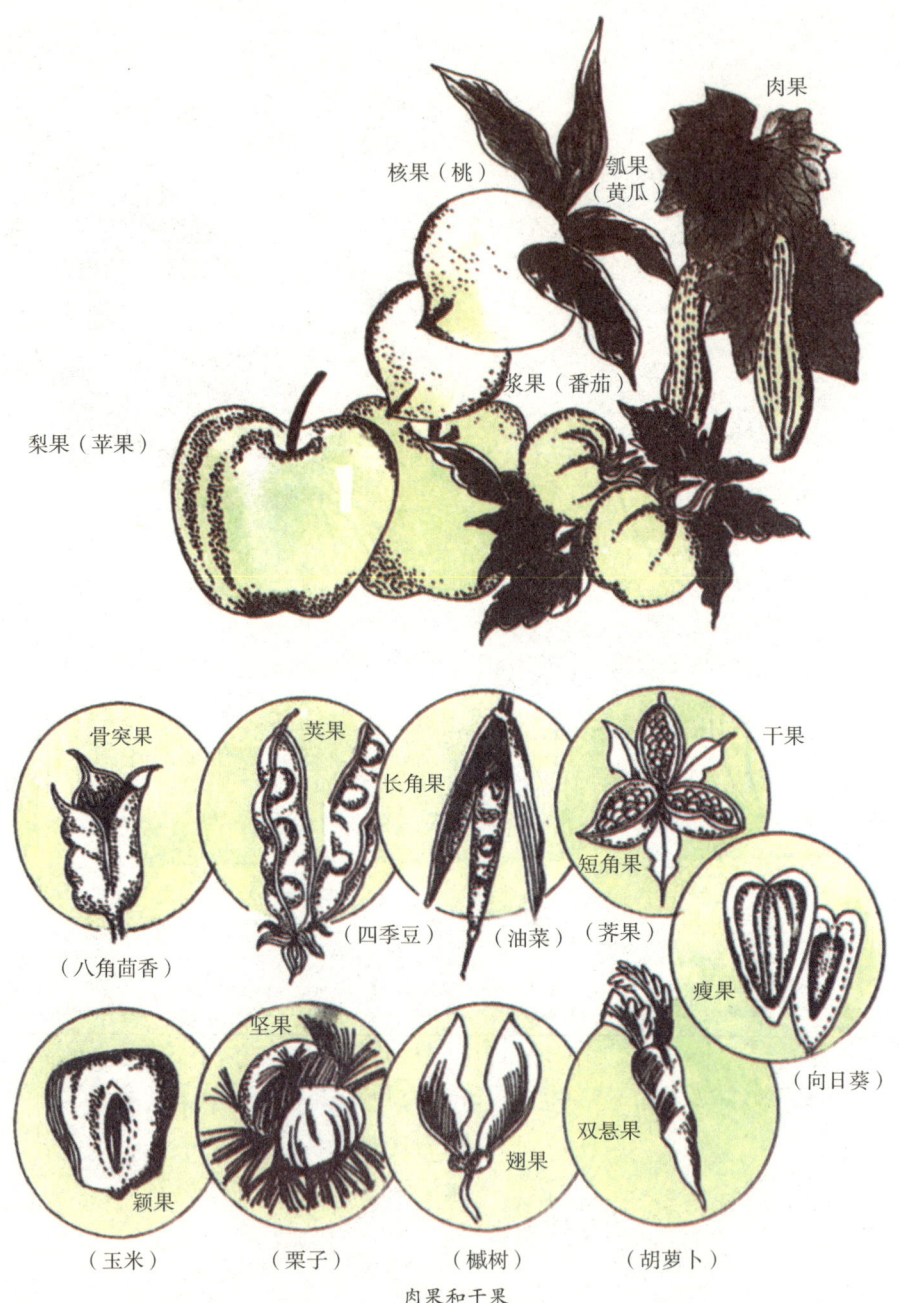

肉果和干果

聚合果：一朵花有许多雌蕊，每个雌蕊发育成一个小果，集中在一个花托上，成一个大果实。草莓就是好多小果聚合在一起的。

聚花果：整个花序上的许多朵花一起发育成果实。桑椹就是聚花果。

相关链接

1. 寒露

反映水汽凝结和气温更加变低的节气。气温下降明显，原先洁白晶莹的露水至此露珠寒冷欲冰了。民间有"寒露霜降节，紧风就是雪"的说法。

寒露节气，我国大部分地区秋雨销声匿迹，是金风送爽，丹桂飘香，高粱火红，棉桃吐絮，柿子金黄，晚稻灌浆的"秋高气爽"季节，也是四季最宜人的时节。

2. 古时寒露物候

鸿雁来宾，雀入大水为蛤，菊有黄华。

寒露第一候是"鸿雁来宾"，有人认为此句应该只用三个字"鸿雁来"，"宾"字应与第二候一起读，宾雀就是宾爵，指较老的雀鸟，如此则与白露第一候重复，但以现代鸟类学的研究分析，一样的候鸟，也会有先来后到。

寒露第二候是"雀入大水为蛤"，《夏小正》"九月"篇有"雀入海为蛤"一句，"大水"就是海，此候表现了古人想象力。当时民间传说海边的蛤贝类，是三种雀鸟潜入水中变的；深秋天寒，雀鸟飞得不见踪影，古人看到海边多了许多蛤蜊，且贝壳的条纹色泽与雀鸟近似，认为是雀鸟所化。类似的比喻在七十二候中不少。

寒露第三候是"菊有黄华"，菊花是极少数在秋天开花的植物，《夏小正》"九月"篇有"荣鞠"之句。古人认为秋时五行是"土"当令，土色为黄，所以开的花以黄为华、为贵，而其他的秋菊也可谓五彩缤纷，万紫千红。也许"菊有黄华"自有远古的道理。

知识窗

菱角

菱是一年生水生植物，果实叫菱角，菱角有很高的食用价值：菱角肉含淀粉24%，蛋白质3.6%，脂肪3.5%，既可作水果、蔬菜，也可加工制成菱粉，菱粉是制作糕点、冰淇淋的原料。一亩水面可产菱角250～600公斤，菱藤1000～1500公斤。

我国菱的品种较多，四角菱类有馄饨菱、小白菱、水红菱、沙角菱、大青菱、邵伯菱等；两角菱类有八菱、蝙蝠菱、五月菱、七月菱等；无角菱仅有南湖菱一种。

18. 螃蟹玩具制作

每年阳历10月23日~24日间，我国的"霜降"节气开始了。

寒露之后太阳黄经210°的位置时，就是霜降。古时解说："气肃而霜降，阴始凝也。"《礼记·月令》及《吕氏春秋》也都有"是月也，始降"之言。都误认为霜与雪一样，是降下来的。其实"霜"是露水遇到寒冷的冷空气，才凝结成的白色薄冰。

过了霜降，冬天就来临了。秋冬之交正是我国一年一度的蟹汛之时。

横爬的螃蟹可会咬人了，你得当心呀！

螃蟹咬人了

> 基本活动

竹节做"螃蟹"

材料

50毫米×40毫米扁形毛竹筒子一段，直径6毫米长100毫米左右的细竹枝十根，直径10毫米左右的粗竹枝二根，清漆和白胶。

工具

剪刀、砂纸、钻子、酒精灯。

制作

1. 将8根细竹枝和2根较粗竹枝按照螃蟹的步足和螯足的形状分别进行切割、修削和打磨，再用火烘烤弯折成形（图1）。

2. 将带有竹节的两根竹枝2小节，分别做成螃蟹的眼睛（图2）。

3. 把扁竹筒修削完美，并用砂纸打磨光滑，再在两侧恰当位置钻孔（图3），最后把螃蟹的步足和螯足涂上白胶，插入孔内，并装好眼睛，一个"螃蟹"玩具就做好了（图4）。

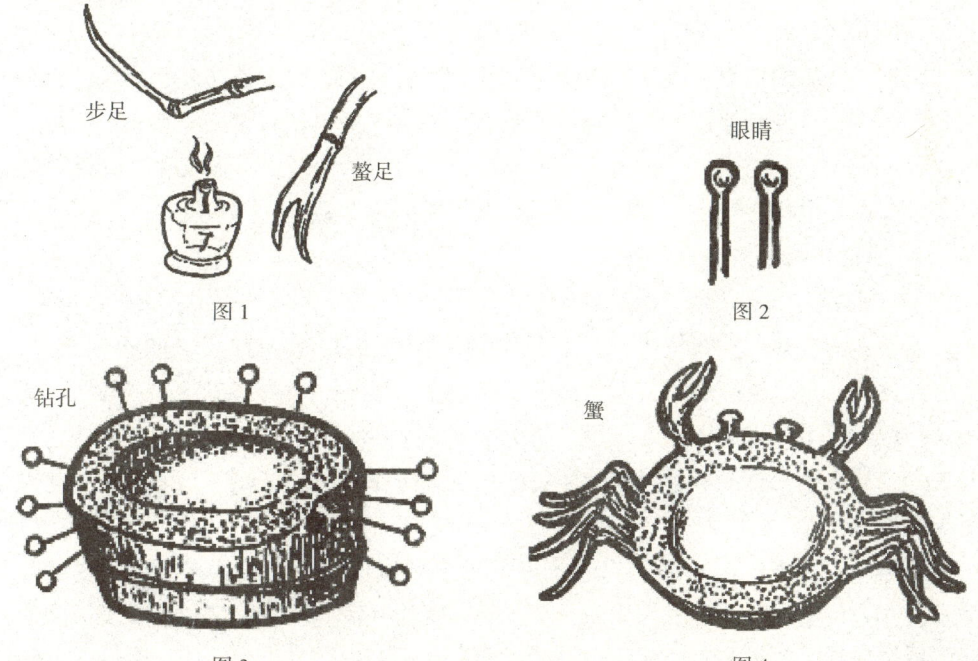

做螃蟹玩具

探究活动

扎蟹网盒的设计

螃蟹在运输、出售和蒸煮时需要将腿捆扎起来,捆扎螃蟹腿是件十分麻烦的事情。

我们是否可以设计一种"扎蟹网盒",它是用不锈钢钢丝或钢丝网做成的,其外形如蚌壳状。这种"扎蟹网盒"有不同的规格,以便装入不同大小的螃蟹。人们只需将螃蟹装入"扎蟹网盒"中,并扣上扣,便可省却捆扎螃蟹腿的麻烦事了。

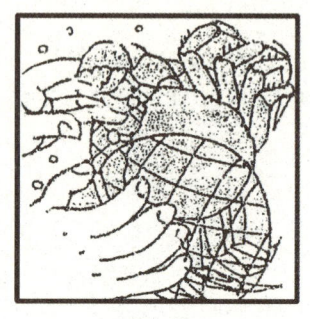

设计参考图

相关链接

1. 霜降

表征温度下降,促使近地面水汽开始冻结成霜的节气。我国幅员广袤,初霜期随纬度增高而提前。如黑龙江、内蒙古一带,约在9月中下旬进入初霜期;黄河流域一般是10月中下旬;长江中下游在11月下旬;南岭以南要到12月下旬才进入初霜期。各年的初霜日期和寒潮南下的早晚、路径和强度有密切联系,尤其是黄河下游和江淮流域的初霜,大致都在强寒潮南下后,天气转晴无风时出现。另外,初霜出现受局部影响很大。像山区谷底洼区,冷空气沿山坡下滑而聚积,初霜开始日就早,霜日也相对较多。俗话说"雪积高山霜打洼"就是这个道理。

2. 古时霜降物候

豺乃祭兽,草木黄落,蛰虫咸俯。

霜降第一候是"豺乃祭兽",豺是似狗的动物,它戳食野兽时,先陈列后食之,似先祭兽。七十二候中用了"獭祭鱼"、"鹰祭鸟"及"豺乃祭兽"三"祭",代表了天地间可潜入水的"獭",可飞上天的"鹰",可地上走的"豺"三种动物,跨越春、夏、秋三季。如果以现代生态学的食物链来解释,其间一物降一物的关系清晰有趣。

霜降第二候是"草木黄落",这一候也必须以生态学的眼光来看,植物靠叶绿素行光合作用生长,春夏为生长季节,必须要枝叶茂盛。秋天植物已长成,除常绿的植物以外,叶子枯黄掉落是必然的现象。

霜降第三候是"蛰虫咸俯","俯"是垂头不动的样子,冬眠的众小虫在其洞穴中垂头不动，当然也不食。它们感到天地间的阴气，冬眠是它们守住体内阳气的惟一方法。

知识窗

1. 霜

空气中的水汽接触低于0℃的地面或物体在它们表面上凝华而成的白色疏松冰晶。

霜常出现在夜间或清晨，日出后融化、蒸发而消失。晴朗无风的夜间，由于地面和物体表面散失热量快，使邻近的气温迅速下降，空气中的水汽就凝结成白色固态的霜，附着在物面和地上，因而有"霜重见晴天"的说法。

秋季出现的第一次霜，叫初霜。春季最后一次出现的霜，叫终霜。

霜出现时，最低气温低于0℃，植物生长受到影响，甚至死亡。可用熏烟、灌水、覆盖等办法减轻霜对作物的影响。

2. 螃蟹

螃蟹是河蟹的俗称，肉味鲜美，是最受欢迎的淡水蟹类。又称"毛蟹"、"绒螯蟹"、"清水蟹"等。节肢动物。甲壳纲，方蟹科。我国沿海和内陆各地的湖泊、河流中都有分布。头胸甲近似圆形，甲壳褐绿色。雄的螯足较大，雌的较小，螯上密生绒毛，这是毛蟹和绒螯蟹得名的特征。有4对步足，后2对稍扁，这4对步足只有上下活动关节，爬行时只能横向。有趋光的习性。平时在淡水中生活，成蟹每年秋季到河口的海区产卵。在产卵洄游的过程中，坚忍不拔，跨越竹箔、水闸、堤坝等各种障碍，勇往直前，进入河口海区咸淡水交界处即行交配产卵，怀卵的雌蟹就在河口越冬，雌蟹的怀卵量一般在10万粒以上。到了第二年的春季，卵才孵化成为幼体，再经过五次蜕皮才成为蟹苗。蟹苗随着涨潮的水势向江河湖泊的淡水前进，因为力弱，到了水闸前就往往过不去，渔民在6月间到水闸边捞取蟹苗，运到各地去放养。

·小博士·

1. 六种人不宜食蟹

由于螃蟹性寒，且含有大量蛋白质、胆固醇及钙磷等物质，所以有六种人不宜多食用：

（1）伤风发热、腹泻者食蟹后会使病情加重。

（2）患有急慢性胃炎、十二指肠溃疡、胆石症、胆囊炎和肝炎活动期内病人，食蟹后可使旧病复发。

（3）患有湿疹、皮炎及疮毒等皮肤病症者，食蟹后会导致病情恶化。

（4）患有冠心病、高血脂的病人食后也会加重病情。

（5）脾胃本来就虚寒的人，食用后会引发腹痛和腹泻。

（6）有过敏体质的人，食蟹后易诱发过敏反应，引起恶心、呕吐、腹泻、头晕、心闷或引发荨麻疹。

此外，老人及儿童因消化和吸收等原因，一次不宜多食螃蟹。

2. 七种食品不可与蟹同吃

（1）柿子　柿子中含鞣酸，蟹肉富含蛋白，二者相遇，可凝固为鞣酸蛋白，不易消化，食物容易滞留在肠内发酵，导致呕吐、腹痛、腹泻等症状。

（2）梨　梨味甘性寒，蟹也性寒，二者同食，易伤人肠胃。

（3）花生　花生性味甘平，脂肪含量达45%，故蟹不宜与花生同食，肠胃虚弱者尤应忌之。

（4）泥鳅　据《本草纲目》载："泥鳅甘平无毒，能暖中益气，治消渴利水。"可见其性温补，而蟹性与此相反，故二者不宜同吃。

（5）香瓜　香瓜即甜瓜，性味甘寒而滑利，能除热通便。与蟹同食，有损于肠胃，易致腹泻。

（6）冷饮　冰水、雪糕、冰淇淋等冷饮属寒凉之物，故不能与蟹同食，食蟹后也不能即食冷饮。

（7）茶水　茶水可使蟹肉的某些成分凝固，不利于消化吸收，故食蟹时和食蟹后一小时内忌饮茶水。

拓展思考题

1. 为什么一叶落而知天下秋？
2. "立秋十日遍地黄"的含义是什么？
3. 自然界有哪些植物生有变态的根？
4. 你能说说植物果实和种子的多样性吗？
5. 竹节造型时，如何用火烧烤成形？

冬季的节气

　　冬季是四季中最后一个季节,包括十月至十二月,共有六个节气:立冬、小雪、大雪、冬至、小寒和大寒。

　　冬季是一年中最寒冷的时节,冰天雪地,农事少,节庆多,其核心是答谢天地,逐疫去灾,家庭团聚,祈求丰年。

19. 毽子——生命的蝴蝶

每年阳历11月7日～8日间,我国的"立冬"节气开始了。

"立冬"节气也是我国早期"八节"之一。

霜降之后太阳黄经225°的位置时,就是立冬,我国习惯作为冬季的开始。

冬天踢毽子是我们民间传统的娱乐活动,至今尚在北方地区传承不息。在河北承德地区,还把小小的毽子作为"生命的蝴蝶"。

生命的蝴蝶

(赵华川 作画)

基本活动

做毽子

材料

废旧牙膏管、啤酒瓶盖、塑料吸管和鸡毛。

工具

剪刀、小铁锤。

制作

1. 剪下牙膏管头部(图1)。

2. 剪塑料吸管4厘米一段,一端剪开成四瓣(图2),插入牙膏管头部(图3)。

3. 再将牙膏管头部按入啤酒瓶盖,用小铁锤敲牢(图4)。

4. 在吸管中插入几根漂亮的鸡毛,一个毽子就做好了(图5)。

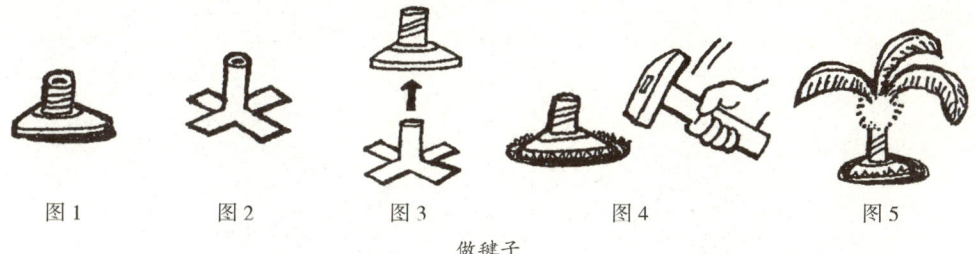

图1　　图2　　图3　　图4　　图5

做毽子

踢毽子

踢毽是一种很好的室外游戏，它既是全身运动，又不过于火暴，深得历代儿童乃至成人的喜爱。

我国民间踢毽的套数有一百余种。总共大概不外乎盘、拐、磕、蹦四大类。"盘"用双脚替换踢，"拐"以脚外侧踢，"磕"则用膝，"蹦"是在足尖上下功夫。

地域不同，踢法亦不同。从前东北人冬天穿靰鞡，这种鞋用牛皮缝制而成，坚硬、耐湿。冬季，儿童们把靰鞡粘上水，待其结冰后，玩"蹦毽"。毽子不用鸡毛而用狗毛，以五六个铜钱扎束而成，这种毽重而飞得远。玩时，一人"供毽"，一人踢毽。毽飞出去后，远处众人也以脚迎踢，谁踢中了谁赢。

如今一般踢法有三种，用正脚踢（图1），用反脚踢（图2），还有一个脚绕到另一个脚后面去踢称为"打环"（图3）。

我们的竞赛也可以用上面三种踢法，计算连续踢得最多次数者为胜。这里可以比单项或全能（三种），也可以比连续踢数或一定时间内的踢数（时间可分1分钟、2分钟和5分钟三组）。

竞赛用的毽子首轮要用自己做的，第二轮可用竞赛组提供的一种毽子。

附踢毽全能（三项）竞赛成绩记录表。

图1　　　　图2　　　　图3

三种踢法

项目 轮次	正脚踢	反脚踢	打环	小计
第一轮				
第二轮				
总计				

竞赛注意事项：

1. 竞赛者可以参加单项的也可以参加某一轮的比赛。
2. 不同年龄可以参加不同的组，这组的区别主要在于比赛时间。
3. 每个参赛者的成绩都要有两名裁判计数，尽量做到公平公正。

探究活动

设计新颖的"踢跳"游戏

1. 古时的毽子大都用铜钱制作，现在除了啤酒瓶盖，还能用什么材料？
2. 农村找鸡毛做毽子十分容易，城市里是否可以设计一些别的品种？例如纸的、易拉罐的……
3. 近年来，兴起了"踢沙包"游戏。沙包用布、绸等缝制而成，内装沙子。也可以在沙包上缝上一根绳，儿童们以手牵绳、以足踢包。也可以不用绳子，踢法似踢毽子差不多。

请你设计一种新颖的冬季里的"踢跳"游戏。

相关链接

1. 立冬

立冬时民间习惯把它作为冬季的开始。《汉学堂经解》所集崔灵恩《三礼义宗》："冬，终也。立冬之时，万物终成，因为节名。"这时，黄河中下游地区即将结冰。农业上，作物收割后开始收藏，多加强防冻和消灭越冬害虫等工作。气象谚语："立冬白一白，晴到割大麦。"

2. 古时立冬物候

水始冰，地始冻，雉入大水为蜃。

立冬第一候是"水始冰"，华北冬季较长，秋末时天气已经非常寒冷，在立冬的时候，水就开始结成冰，不过此时冰面尚薄，所以称为"始冰"，而到"大寒"

时才有形容整个水体都冻结的"冰泽腹坚"出现。

立冬第二候是"地始冻",天地之间不但是水感到寒气会结冰,土地中也有水气,甚而土地本身也因为寒冷而凝冻,所谓"天寒地冻"的季节由立冬开始。

立冬第三候是"雉入大水为蜃","蜃"是大蛤,雉比雀大所以飞入大水中,当然变成较大的蛤,也就是蜃。关于"蜃"有许多传说,其中之一是"蜃能吐气幻化出楼台",即我们所熟知的"海市蜃楼"名称的由来。能将一种大气中光线折射出来的幻景想象成蜃吐出的楼台,古人想象事物丰富,更表现出一种诗意情绪,可谓中国式的浪漫。

知识窗

踢毽子起自何时

关于踢毽子的记载,现在能见到的最早的书籍,是唐代释道宣的《高僧传》。该书载曰:"沙门慧光,年方十二,在天街井栏上反踢蹀,一连五百,众人喧竞,异而观之。"其踢技是多么熟练!可见在隋唐时期,踢毽子已在社会上较为流行。

地方风俗

生命的蝴蝶

古时人们把小小毽子称为"生命的蝴蝶"。

在河北承德,时令进入杨柳凋零、霜浓雪厚的冬季,男的、女的、老的、少的,便三五成群、兴致勃勃地踢耍起毽子来了。家家毽子舞、处处笑语飞,一派生气勃勃、欢乐融融的升平景象。那稚气盈脸的孩童,有的裤带抓把抓把、有的辫子一甩一甩,边踢着彩羽扎在的毽子边吟诵自编自传的儿歌,那鹤发童颜的老者,有的单踢,边踢边哼着地方小戏;有的对踢,边踢边玩起"拇战"游戏,那豆蔻年华的姑娘们,则三人一班、五人一堆地踢玩"攒花","数人更翻踢之",把几只色彩斑斓的毽子,踢成一群纷飞的彩蝶,令人眼花缭乱,目不暇接……

20. 做雪灯

每年阳历 11 月 22 日～23 日间，我国的"小雪"节气开始了。

立冬之后太阳黄经 240°的位置时，就是小雪。黄河流域一般开始下雪。俗话说，"瑞雪兆丰年"，因此大家都喜欢冬天的雪。

基本活动

做雪灯

"雪"还可以做灯？没想到吧，同学们不如试一下：

先将雪花捏成两个小球（图1），但不要太紧。然后取一根如筷子粗细、长10厘米、浸透食油的棉纱灯芯，夹在两团雪中间和成一大团，灯芯露出雪球1厘米（图2），同样不要捏得太紧。最后用火柴点上灯芯，就做成了一盏雪灯（图3）。慢慢地灯芯被烧完，雪球只剩下半个外壳，但没有一滴水滴在桌上，这是为什么？

原来雪灯在燃烧过程中，被融化的雪小部分变成蒸汽，大部分被雪灯底部未化的雪吸收。由于雪球的结构松散，融化的水量少，所以能被未融的雪完全吸收而不泄流出来。

当然，你在室内做雪灯的时候，可要注意安全。

图1　　　　　　图2　　　　　　图3

做雪灯

探究活动

探究雪花的秘密

1. 雪花一般是由众多粘在一起的呈完美对称形状的晶体组成的。几乎每个雪晶的中心都是一个微小的尘埃颗粒，它可能是从火山灰到外太空颗粒的一切东西。当晶体围绕此尘埃结晶时，其形状会因湿度、温度和风力的差异而不同。

因此雪花形状是多姿多彩的。

雪花形状多姿多彩

2. 雪晶的直径有时甚至是厚度的 50 倍，所以，即便晶体直径在实验室中能长到 5 毫米，但它们一般要比一张纸薄得多。因此下雪天的雪是飘下来的。

有记录以来最大的雪花直径达到 38 毫米——是 1887 年在美国蒙大拿州基奥堡发现的。

3. 天空中偶尔会飘落罕见的红色、黄色、黑色雪花，这可能是由于花粉、风吹的尘土或灰烬和烟灰粘在雪上面造成的。

4. 很多人没有想到的是，两极地区降雪量并不大，大多数暴风雪都是由原来的雪借助风势形成的。

5. 在南极洲，积雪会反射音波，而且效率高得令人难以置信。一些去过南极洲的研究人员说，他们听到过 1.6 公里以外自己的声音。

6. 整日白雪飘飘有时能让人陷入疯狂。北极癔病是一种鲜为人知的疾病，这种病是在居住于北极地带的民族中发现的，能引发一系列症状，包括言语模仿症（不自觉地重复别人刚刚说过的话）以及赤身裸体在雪中奔跑。

相关链接

1. **小雪**

明王象晋《群芳谱》："气寒而将雪矣，地寒未甚而雪未大也。"这时，黄河流域一般开始下雪。农业上忙于冬耕和冬季造林等。气象谚语："小雪现晴天，有雨到年边。"

2. **古时小雪物候**

虹藏不见，天气上升地气下降，闭寒而成冬。

小雪第一候是"虹藏不见"，就是对应于清明的"虹始见"。此时雨都变成雪了，当然没有虹霓出现。

小雪第二候是"天气上升地气下降"，在"雨水"节气时，其第三候为"草木萌动"，造成草木萌动的原因是由于代表阳的天气下降，而属于阴的地气上升，使草木萌动而出现生机，到了"小雪"时，恰恰相反，天地不通，万物寂然。

小雪第三候是"闭寒而成冬"，不通的天地之气，导致"千里冰封，万里雪飘"。

知识窗

1. **初雪的日期和降雪次数**

小雪以后的降雪是应时的好雪，俗称瑞雪。这不仅有利农业生产，而且对人体健康和环境卫生有益。因雪水中所含的重水比普通水所含的重水少25%。如果长期饮用干净的雪水，可增强体质，起到延年益寿的作用。

我国西安等地初雪日期和降雪次数的测试如下：

地名	初雪日期		降雪次数
	平均	最早	小雪—大雪
西安	11月23日	11月13日	0.8
洛阳	11月25日	11月13日	0.8
济南	11月21日	11月13日	0.3
卢氏	11月15日	11月9日	—
郑州	—	—	0.8

2. 降雪量也分等级

冬天到了，气象部门在发布降雪信息时，通常会使用降雪量一词。降雪量与积雪量不同，积雪量通常以"厘米"为单位，而降雪量通常以"毫米"为单位。那降雪量是怎么统计出来的呢？

据悉，雪同雨一样，也有降水量的等级之分。降雪量是从天空中降落到地面上的固态水，未经蒸发、渗透、流失，在水平面上积聚的水层深度，以毫米为单位，用雨量筒来测定。降雪与降雨一样，也有降水强度之分。单位时间的降水量称为降水强度，常以毫米/小时为单位。实用中，有时也用降雪在平地上所累积的深度（积雪深厚）来度量。

一般可分为以下四个等级：

小雪，是指下雪时水平能见度距离等于或大于1 000米，地面积雪深度在3厘米以下，或24小时内降雪量0.1毫米~2.4毫米。

中雪，是指下雪时水平能见距离在500~1 000米之间，地面积雪深度为3厘米~5厘米，或24小时内降雪量达2.5毫米~4.9毫米。

大雪，是指下雪时能见度很差，水平能见距离小于500米，地面积雪深度等于或大于5厘米，或24小时内降雪量达5.0毫米~9.9毫米。

暴雪，是指24小时内降雪量≥10毫米。

21. 堆雪人

每年阳历12月6日~8日间,我国的"大雪"节气开始了。

小雪之后太阳黄经255°的位置时,就是大雪。顾名思义,"大雪"的雪势将会猛过"小雪"。

如果说"小雪"时开始降雪,那么"大雪"时就会出现积雪。

基本活动

堆雪人

冬天下雪后,同学们堆个雪人多开心呀!

堆雪人有两种方法:其一用雪攥一雪球,放在雪地上滚动,球沾雪,越滚越大,滚到推不动时便以其为身,以较小的为头做成雪人;其二把田野(室外)的雪堆在一起,拍实做成人形。

如果再给雪人打扮一下:画双眼睛、装个鼻子、戴顶草帽什么的……就更有情趣了,真是雪天更添风光。

堆雪人

探究活动

雪花的白色之谜

水是无色透明的，光滑的冰（水的固体形态）也是如此。为什么雪却是白色的？我们还是通过实验来探索它的奥秘吧！

一、观察

1. 用一块黑布接从天空飘落下来的雪花，可以发现雪花呈现六角形，再观察雪花的表面都是毛茸茸的。

2. 雪花飘落水中，一瞬间便消失了。是不是雪花已化了呢？找一块透明的玻璃，把它敲成碎末堆在一起，碎玻璃也和雪花一样变成白花花的了。将碎玻璃丢进装满水的杯子里，同样，白色也消失了。

3. 将一把雪抓在手里，使劲捏，直到雪团表面变得又硬又光滑为止。再看雪团已变成半透明状，也不像雪花那么白了。

二、谜底

雪花是冰晶，冰晶有着复杂的结构，一遇光，便会发生反射与折射。光线在经过许多次曲折以后，从各个不同的方向漫射出去。我们的眼睛碰到了这种光线，就觉得雪花是白色的。雪花、玻璃碎末落入水中，它们表面不规则的部分被水填没了，就不再反射折射光线，白色便消失了。雪团捏后，表面变得光滑起来，自然就白不起来了。

相关链接

1. 大雪

明王象晋《群芳谱》："言积寒凛冽，雪至此而大也。"《汉学堂经解》所集崔灵恩《三礼义宗》："大雪为节者，形于小雪，为大雪。时雪转甚，故以大雪名节。"其时，黄河流域一带渐有积雪。农业谚语："大雪冬至雪花飞，搞好副业多积肥。"

2. 古时大雪物候

鹖鴠不鸣，虎始交，荔挺出。

大雪第一候是"鹖鴠不鸣"，"鹖鴠"是比野鸡更大的鸟，善斗，《本草纲目》中称它为"寒号虫"，可见它是一种在冬天也不休眠并会号叫的鸟，此候的意思是，到了"大雪"节气，连好斗的鸟也避寒不鸣叫了。因为冰益壮，大地开始冻裂大雪第二候是"虎始交",老虎开始求偶的行动。

大雪第三候是"荔挺出","荔挺"是一种兰草的名字,也有人认为是薤的一种,俗称藠头,可食用。仲冬之月万物均被厚雪覆盖,只有"芸始生,荔挺出"。"芸"是"芸苔",南方称为油菜。

风俗游戏

堆雪人游戏的历史一定十分古远这是无可怀疑的,但文字记载却主要在宋代以后。宋代孟元老《东京梦华录》云:北宋汴梁人遇有下雪天,常常"塑雪狮、装雪灯,以会亲旧。"这个习俗在南宋的临安也很盛行,在《梦梁录》、《武林旧事》等书中都有记载。

风俗游戏

知识窗

开始积雪期和降雪次数

根据气象资料统计,黄河流域开始积雪的日期,与大雪节令相近。大雪以后降雪的次数也显著增加。

我国西安等地开始积雪期和降雪次数的测试如下:

地名	积雪日期		降雪次数
	平均	最早	大雪—冬至
西安	12月4日	11月24日	2.3
洛阳	12月3日	11月13日	3.0
济南	12月6日	11月14日	1.6
卢氏	12月1日	11月19日	—
郑州	—	—	2.0

· 小博士 ·

雪灾与生态保护

内蒙古自治区在2001年经历了一场40年一遇的特大雪灾。

据当年4月统计：内蒙古在雪灾中至少有100万头（只）牲畜死亡，其中流产仔畜70多万头（只）。如果将这些死亡牲畜头尾相连一字排开，将长达600千米，相当于从呼和浩特市到北京市的公路距离。

由于大批牲畜死亡，一场耗资巨大、草料调动规模空前的抗灾保畜战役，不可延误地在内蒙古灾区全面展开。与此同时，关于这场雪灾对内蒙古当年畜牧业生产影响有多大、花钱保畜是否划算、大雪灾教给了人们什么等问题的争论，使百多万草原生灵的死亡悲歌变得更加耐人寻味。

人们在抗灾保畜之后，又面临着一个草原生态保护的课题。

我们知道每当畜牧业发展到一定的程度，草原不堪重负时，就会出现较大的灾害，造成牲畜大批死亡，使草原得以休养生息；随后又是几年风调雨顺，牲畜又开始逐年发展，直至另一次大灾的出现。这便是大自然的草畜生态平衡法则。

我们该如何保护好草原生态？获得草畜生态平衡，来增强草原自身的抗灾能力，来科学处理畜牧业发展和生态保护这一对矛盾。请大家来一次探讨。

22. 绘制九九消寒图

每年阳历 12 月 21 日～23 日间，我国的"冬至"节气开始了。

"冬至"节气也是我国早期"八节"之一。

大雪之后太阳黄经 270°的位置时，就是冬至。冬至这一天，北半球白昼最短，夜晚最长，气候寒冷，意味着最冷的冬天到来，故称为冬至。

中国民间的"数九天气"，就是以"冬至"日开始的。"数九天气"即所谓的"冬九九"，就是将"冬至"日开始到第 81 天为止的这段时间分为九个时段，每一段为九天，按次序命名为头九、二九、三九……九九。三九到四九这段时间，是我国冬季最寒冷的时期，因此人们说"三九严寒"。

山东流传冬至九九歌　　　　湖南流传冬至九九歌

一九、二九，不出手；　　　一九二九，怀中抱手；

三九、四九，凌上走；　　　三九二十七，檐前雨不滴；

五九、六九，养花插柳；　　四九三十六，檐前胶蜡烛；

七九河开；　　　　　　　　五九四十五，家家打年鼓；

八九雁来；　　　　　　　　六九五十四，春风如榨刺；

九九加一九，耕牛遍地走。　七九六十三，行人把衣宽；

　　　　　　　　　　　　　八九七十二，看牛儿坐溃溃；

　　　　　　　　　　　　　九九八十一，安排蓑衣和斗笠。

民间还有绘制"九九消寒图"的习俗。此俗相传为宋代文天祥所发明，文天祥在广东海丰五坡岭被俘后，关押在北京，正值数九寒天，文天祥在牢房的墙上，画了一个 81 格图，用墨一天涂一格，寓意严冬必尽，春日必归信念。

基本活动

绘制铜钱状消寒图

我国北方习惯使用"冬九九"这个节令，并能用图表示 81 天的寒冷情况，下图就是流传于民间的一种"九九消寒图"。

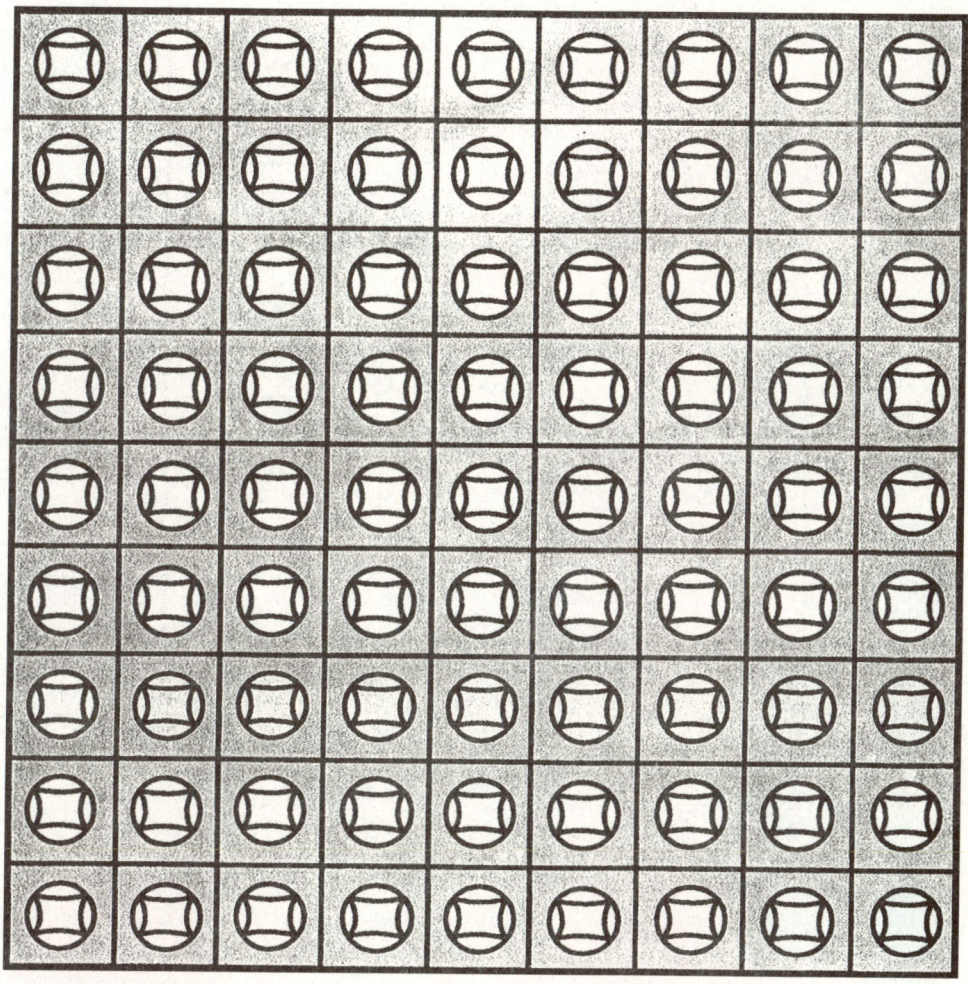

九九消寒图

消寒图有81个格，表示81天。横9格，竖也9格，每格中有一个古铜钱状图案。

用肥皂或橡皮雕刻一个古铜钱状图案，再印在划有格子的纸上，也可用厚纸挖成古铜钱图案，用牙刷蘸浅色颜料刷在纸上，这种可以刷好多张。同学们一起来参加这项活动吧。

消寒图的填绘方法

请你把每天早晨观察到的天气情况，按填绘方法用黑色笔填在消寒图上。

上黑是天阴	
下黑是天晴	
全白天暖和	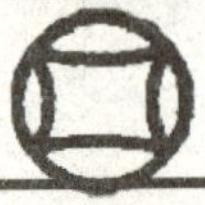
心黑天寒冷	
满黑漫天雪	
左黑天有雨	
右黑劲刮风	

填绘方法

"黑色"填绘的口诀

上阴下晴，左雨右风，心黑天寒冷，满黑漫天雪，全白天暖和。

填绘消寒图要以每天早晨的天气为标准，起床后即观察填绘，从12月22日开始填绘，由右到左，由上向下，当81天全部填完后，再总结当年冬季的阴天、晴天、暖天、寒冷天、下雪天、有雨天、刮风天气各有几天。隔年再做，几年以后做一次比较，哪年冬天最冷，哪年下雪、刮风最多，哪年冬天最温暖，十分清楚明白。

探究活动

研究九九消寒图的科学道理和实用意义

讨论一下"天阴"、"天晴"、"天暖和"、"天寒冷"的科学界定。

名称	科学界定
天阴	
天晴	
天暖和	
天寒冷	

填绘完九九消寒图后，请你写一篇短文，谈谈九九消寒图的科学道理和实用意义。

相关链接

1. 冬至

《通纬·孝经援神契》："大雪后十五日，斗指子，为冬至。十一月中，冬藏之气，至此而极也。阴极而阳始至，日南至，渐长至也。"是日起，寒冷将至，农业上大部分地区进行防冻、积肥、深耕、消灭越冬害虫、保护畜禽安全过冬等。又为民间传统节日"冬至节"。

2. 古时冬至物候

蚯蚓结，麋角解，水泉动。

冬至第一候是"蚯蚓结"，蚯蚓在土中交结如绳。

冬至第二候是"麋角解"，麋与鹿相似而不同类，夏至时鹿感阳气渐退而解角，麋正好相反，在冬至时感到阴气而解角。

冬至第三候是"水泉动"，这种现象也与阳气萌动而使水泉流动有关。

民间习俗

1. 九九消寒图的习俗

按《帝京景物略》说："冬至日，人家画一枝素梅，花瓣八十有一。日染一瓣，瓣尽而九九出，则春深矣，曰九九消寒图。"

这种素梅图，最先是家家自画，然后每日将一个花瓣上色，直到九九尽才将全图的花瓣涂满。画消寒图，一方面是为了计算过去的九九日数，另一方面也是一种有趣的消寒娱乐活动，故后来发展得很普遍，商店里都印有现成的素梅图出售，以供人们用消寒之需。除画一枝素梅并刻有数九九的谚语以外，还常在其旁书有一副对联，题曰："试看图中梅黑黑，自然门外草青青。"告诉人们当所有的花瓣都着上颜色以后，门外的青草也就遍地了。

民间流行的"消寒图"有多种多样，比较流行的还有葫芦消寒图、文字消寒图等等。

2. 我国民间有"冬至"吃饺子的习俗。人们说，冬至这一天吃了饺子就不会冻耳朵，这是对我国古代名医张仲景的深切怀念。

建安初年，张仲景在长沙当太守，当时瘟疫流行，好多人都被夺去了生命。张仲景为了给人看病，毅然辞官回乡，把全部心血都用到医学上。

有一年冬天，天气特别冷，许多人的耳朵生了冻疮，有些甚至被冻烂了。张仲景见了，心里很难过。冬至那天，他在一块空地上搭起一口大锅，把羊肉、辣椒和一些祛寒温热的药材放在锅里煮热，然后捞出来切碎，用面皮包成耳朵样的"娇耳"，分给来求医的人们：每人一大碗汤，两只娇耳。人们吃了以后，觉得浑身热乎乎的。从冬至到年三十，张仲景竭尽心力，终于把乡亲们的冻疮治好了。

后来，每到冬至这一天，人们就按照"娇耳"的样子做起食物，为了区别"祛寒娇耳汤"的娇耳，人们就称它为"饺子"。

知识窗

有关天气的科学界定

天阴：凡中、低云的云量占天气面积80%及以上者，称为"阴"。天阴时，阳光很少或不能透过云层，天色阴暗。

天晴：天空无云或虽有零星的云层，但云量占在空面积不到10%者，称为"晴"。有时天空中出现很高很薄的云，但对透过阳光影响很小，也称为"晴"。

天暖和：10～20℃。

天寒冷：0℃以下。

上述温度一般指在自然状态下周围环境所保持的冷暖程度。而在0℃以上至10℃之间的温度算寒冷还是温和，要看天气的综合情况，要看人们所能承受的冷暖的程度。因此在填绘消寒图时要指导学生从实际出发。

由于我国地域广大，在冬天每月平均温度相差极大，例如1月份在黑龙江畔的平均温度为−28.4℃，而西沙群岛的平均温度为22.9℃。

·小博士·

1. 为什么会出现"暖冬"现象

在世界进入20世纪90年代,全球气候连续偏暖,出现了"暖冬"现象。这是什么原因?对人类的生存会发生什么后果?这些问题同学们应该去关心、去讨论、去探究。这里提供一则资料供活动时参考。

据2002年某报介绍:近日上海天空阳光普照暖意浓,似乎已经进入残冬。人们不禁要问:翻开日历,今天已是"三九"的第3天了,按照常年的气候规律,上海应是进入隆冬季节。然而,近日在明媚的阳光照耀下,人们并没有感觉到寒冷的滋味。从气象台传来的资料显示,元月1日以来,上海的平均气温为7℃左右,其间5日、6日的最高气温分别达到15.6℃和16.1℃,这与常年同期相比偏高3~4℃。从近十几年气象资料分析,冬季气温偏高似乎是一种趋势,如2000年1月1日,上海的最高气温升至17.1℃,4日、5日的温度也到过16.8℃和16.5℃。因此,近期上海气象比常年同期偏高。

据分析,造成近期气象偏高的原因是多方面的。首先进入20世纪90年代后,全球气候连续偏暖,上海近期气温偏高可以说是这一背景下的延续。再从大气环流方面看,近期尽管北方冷空气频繁南下,但由于主体偏北,冷空气到了江南地区后,后劲不足,难以造成大幅度降温;另外,上海市在变性高压控制下,光照充足,空气干燥,风速小,升温快,因而使人们感到这一年的"三九"不寒冷了。

2. 气候"变暖"使人们自食其果

据美国"地球政策研究所"的报告推测,自1970年以来,地球平均气温上升了约0.6℃。气温上升使冰川融化,造成海平面上升,因此将导致世界范围内的滨海地带移民。

报告说:"如果我们不马上减少二氧化碳排放量,'气候移民'的速度还将大大加快。"

2005年美国从新奥尔良市和密西西比州、路易斯安那州等地方逃离的许多人不打算重返家乡。报告估计,至少25万人已经在其他地方安家并且不打算再回去。他们不希望再面对因海平面上升和暴风雨造成的人员伤亡和财产损失。他们现在成了"气候难民"。

·名人认知·

张仲景（约150～219）

南阳郡涅阳县（今河南南阳）人。东汉著名医学家。

他同情人民的疾苦，精心研究医学，整理和总结前代医学的理论和经验，广泛收集民间的验方，并结合自己行医的实践，写成《伤寒杂病论》一书。书中所收的三百多个药方，大部分具有较高疗效，此外还有针灸、人工呼吸等多种治疗措施。

张仲景系统而完整的诊断和治疗原则，为后世中医辩证施治的发展奠定了基础，受到后人的尊敬，被称为"医圣"。

23. 蜡制梅花

每年阳历 1 月 5 日～7 日间，我国的"小寒"节气开始了。

冬至之后太阳黄经 285°的位置时，就是小寒。小寒时正当三九，天气寒冷。古时花信风为：一候梅花；二候茶花；三候水仙。

梅花枝干苍劲，风韵高雅，又能凌寒独放，斗雪盛开。因此，千百年来一直受到人们的喜爱。

疏枝横斜，暗香浮动的梅花，在我国栽培已有三千多年的历史。

梅花

基本活动

蜡制梅花

现在我们用蜡烛的溶液来仿制一束梅花。

图 1　　　图 2　　　图 3　　　图 4

蜡制一束梅花

材料

枝条、蜡烛、白色或红色粉笔、医用棉花、胶水及肥皂水。

工具

铁罐、酒精灯。

制作

1. 把采集到的枝条修剪成形（图1），在枝条上选好准备生花的位置，上端可密些，靠近下端稍稀疏些，都用少许医用棉花用胶水胶牢裹紧（图2）。

2. 将蜡烛放在搪瓷碗中加热融化（蜡液不能太热，以不起烟为宜），同时加入切成粉末的粉笔灰使之混和。

3. 一手拿枝条，另一手的五指拼拢，醮些肥皂水（要浓些），再醮些蜡液（图3）往枝条上棉花处一揿。待蜡液冷却凝固后，便把手指慢慢退出，这样一朵小花就做成了。

用上述方法将枝条上所有裹棉花处都揿上花，就成为一枝盛开的梅花了（图4）。

探究活动

梅花插花设计

请你用蜡制梅花设计一盆梅花插花盆景。

（"冬梅凝雪"供你参考。花材：蜡制梅花和自然的栀子花、水仙、松枝等）

插花盆景设计注意几点：

1. **插花的类型**

根据插花的容器、插花的材料、插花的用途等因素，插花一般可分为瓶式插花、盆式插花、花蓝插花和悬挂式插花等。

以下三种盆式供你参考。

冬梅凝雪

（戴瑞源　制作）

盆式插花

2. 插花的准备

首先是选择花材，主要是蜡制梅花及一些人造纸花，也少不了自然植物的枝干等材料。在采摘时要爱护绿地，修剪造型时要注意安全。

此外是花盆和固定花枝的附件准备。固定花枝可用各种花插（剑山）和插花泥块。

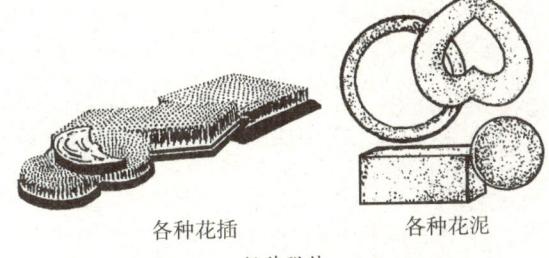

各种花插　　各种花泥

插花附件

3. 插花的设计意境

我国插花设计以自然花卉为主，强调茎、叶、花的自然美和象征意义，具有独特的风格，它崇尚自然，像中国画一样讲究气韵、注重意境。

同学们自制的花卉插花也必须有风格、有意境。

相关链接

1. 小寒

此时冷气积久而为寒。正值"三九"前后，我国大部分地区将进入严寒时期。东北和内蒙古地区，平均气温在 –10℃ ~ –30℃ 之间，江河封冻，冻土可达两三米厚；东北地区，气温一般在 0℃ 以下，普遍出现冰雪；长江流域，气温约在零度到十度之间；华南地区，气温一般是 10 ~ 15℃。

农业上，开始对三麦、油菜、冬季绿肥等作物进行开沟、培土，保证安全越冬。

2. 古时小寒物候

雁北乡，鹊始巢，雉始雊。

小寒第一候是"雁北乡"，古人认为候鸟已开始往北飞，然而大部分的候鸟仍是要到雨水时节才会北飞。

小寒第二候是"鹊始巢"，喜鹊是中国人的吉祥鸟，常群栖在人们居家附近的乔木上，鹊也是喜阳之鸟，感到阳气动而开始筑巢。

小寒第三候是"雉始雊"，"雊"在此是作鸣叫解释。

知识窗

小寒说"冷"

200 年前，法国物理学家发现，温度降到 –273.16℃ 就不会再往下降了，到了冷的尽头，科学家把 –273.16℃ 称为"绝对零度"。

在超低温环境里,气体会变成液体或固体。氧气在-183℃时,会变成浅蓝色的液体,降到-218℃时会凝固成淡蓝色的雪花样的固体。氢气在-252℃时,会变成无色的液体,像水一样,在-259℃时,会凝固成无色雪花状固体。

在-72℃时拍皮球,皮球就会像玻璃一样被摔得粉碎。钢铁也会变得脆弱,容易折断。锡会化成粉末。

即使是导电性能很好的金属,在常温下它还会产生电阻,使电流受到阻碍。可是,在超低温条件下,有些金属会成为极好的导体,电阻等于零,成了"超导体"。

医生利用液氮来开刀,在刀头温度降到-100℃时切开病人的皮肉,伤口立即冻住,避免了大量流血。

寒冬话梅花

梅花属蔷薇科。落叶乔木,高达10米。树皮淡灰绿色。树干多分枝,小枝细长。叶互生,卵圆形,边缘有细锯齿,叶柄上有腺体。通常先开花后长叶,花期1~2月,喜阳耐阴,耐寒和耐旱,有清香。花1~2朵簇生,白色或淡红色,单瓣或重瓣,花瓣一般5片。

梅原产我国,喜温暖湿润的气候,对土壤要求不严,长江流域以南各地都有栽培,多用嫁接、扦插繁殖。观赏的梅花有三百多种,每种的花色、花瓣各不相同。无锡梅园、苏州邓蔚、杭州孤山、广州罗浮山等,都是著名的赏梅胜地。梅的寿命很长,浙江天台山国清寺前一株隋梅,迄今已有1300年历史。

喜鹊争梅

24. 闪熠冰灯自己做

每年阳历 1 月 20 日～21 日间，我国的"大寒"节气开始了。

小寒之后太阳黄经 300°的位置时，就是大寒。大寒时我国大部分地区进入一年中最寒冷的时期。

古代的人们都以大寒日的气候来预测来年的收成情况。因此有"大寒不寒，人马不安"的谚语。

又有俗话说"过了大寒，又是一年"，大寒是一年之中最后的一个节气。它处于数九天的三九、四九阶段，是一年中最冷的时期，即所谓"三九四九，冻破石头"。

人们还常在大寒之时，进行冰灯制作的游戏。

基本活动

冰灯制作

材料
透明塑料袋、清水、细绳、泡沫塑料。

工具
水盆、水杯、火烙铁（勿用电烙铁，怕因浸水漏电不安全）或拨火铁棒。

制作

1. 装水　先检验塑料袋应当不漏水。装水不要太满（图1）。

2. 冷冻　装好水后，用细绳扎紧袋口，把整袋水放在室外阴冷处（-10℃以下）冷冻（图2）。

3. 观察　冷冻时要注意观察，塑料袋里的水外层是否结冰。用手摸袋子各处是否都硬结，不变形（图3）。

4. 操作　到轻提手托塑料袋和水能整体拿起时，把袋倒转来，使扎口向下底朝上，再继续冷冻（图4）。能使全袋外层结冰均匀，冰层要厚达 2～3 厘米。然

做冰灯

后烧热烙铁,先在上部烙烫一小孔。再于下部烙一小孔,然即袋内的水就会排放出来(图5)。最后剥去塑料袋,上端开一小口,按放在用泡沫塑料做成的底座上,使其稳定不倒。装上小蜡烛(图6),一盏水晶状冰灯就闪烁在你眼前。

注意:使用烧热烙铁当心烫伤,点燃小蜡烛后注意安全。

(童心 供稿)

探究活动

设计一个冰雕作品

冰灯的制作分为冷冻和冰雕两种。冷冻,用于制作一般小型的冰灯。冰雕,用于制作冰兽、冰楼、冰峰等大型的冰灯制品,制作时,用天然冰块砌成不同的冰堆,然后用斧、锯、铲等工具加以精雕细刻成为各种动物、花卉和建筑,再安置灯光而成。

请你设计一个简易的冰雕作品。

相关链接

1. 大寒

《授时通考·天时》引《三礼仪宗》:"大寒为中者,上形于小寒,故谓之大……寒气之逆极,故谓大寒。"这时,我国大部分地区进入一年中最寒冷的时期。

2. 古时大寒物候

鸡始乳,征鸟厉疾,水泽腹坚。

大寒第一候是"鸡始乳",古人有在立春前孵小鸡的做法。

大寒第二候是"征鸟厉疾","征"是指有杀伐之气,征鸟如鹰隼之类的鸟类,这时正是对野外小动物大开杀戒的时机,到了春天"鹰化为鸠",就再也不出现了。

大寒第三候是"水泽腹坚",此时严寒之极,水域冰冻到水中央,又厚又坚硬,不过冰冻到极致,就要遭遇立春的"东风解冻"了。

地方风俗

北京的冰灯盛况

从前京城里有专卖小型冰灯的,据说涂上一层药物,便可延缓冰灯融化的速度。1983年2月5日《北京晚报》载《北京的冰灯》一文,介绍从前北京的冰灯盛况如下:

鼓楼前的冰灯,向来以雕技精湛,堪称一绝。每至灯节时,自地安门至鼓楼前,马路东西两侧的店铺门前,多有冰灯设置。尤其是地安门桥下的"大葫芦"酱园的冰灯技艺,当推雕镂之冠。有一年灯节,该处以一二方冰,堆雕一组以《白蛇传》故事为题材的"水漫金山寺"的冰灯(冰雕),底座下面设有灯光,反照出来,光彩夺目,五色缤纷。观者如云,热闹非凡。

民间故事

冰灯与九头鸟

松花江一带,每年过年前夕都要举行冰灯节。这习俗是从很早很早的时候传下来的。民间还流传着一个好听的故事(冰灯与九头鸟)。

冰灯与九头鸟

　　古时候的一年，有只又大又黑的九头鸟来到了富饶的松花江畔。九头鸟每天都要吃许多人，自从它来后，松花江畔的人们再也过不上安宁的生活了。

　　有个年轻人叫巴图鲁，决心为百姓除害。这天，他和几个年轻人来到山中，结果九头鸟刮起一阵狂风，把巴图鲁吹上天，其余的人被卷进了山洞。过了一会儿，巴图鲁落在一座山顶上。这时，有位白胡子老爷爷来到他面前，对他说："你到星星山取一盏冰灯，这样，就能杀死九头鸟。不过，到星星山去可不是一件容易的事啊！"巴图鲁一听，心里十分高兴，他对老爷爷说："只要能除去九头鸟，我什么都不怕！"巴图鲁说完，谢过老爷爷，连夜朝星星山奔去。

　　巴图鲁历尽艰辛，终于爬上了星星山的顶峰，找到了冰灯。巴图鲁来到九头鸟居住的山洞前，用冰灯耀眼的光芒刺得九头鸟睁不开眼睛，终于把它杀死了。

　　从此，每年过年前夕，人们都要制作冰灯，纪念为民除害的巴图鲁。

拓展思考题

1. 为什么冰雪纷至方成冬？
2. 为什么雪花形状是多姿多彩的？
3. "冬至严寒数九天"的科学道理是什么？
4. 冰灯能装个电源更闪亮吗？

中国的阳历

翻开每年的年历，同学们可以看到有的日期下面印有"立春、雨水、惊蛰、春分"等文字。如果你仔细查一查，一年中共有二十四个诸如此类不同的名词，这就是人们常说的二十四个气节，也是你在动手制作、探究实验、益智游戏中渡过的二十四节气。

二十四节气是中国的阳历。它是根据地球与太阳的关系确定的，就是中国的太阳历。

节气具有气象和物候的意思，基本上反映了我国黄河中下游（北纬 30° 到 40° 之间）地区气候变化的规律。

25. 做一个针孔节气仪

二十四节气在哪个月哪一天？一般如下：

春：立春 2 月 3 日～2 月 5 日，
雨水 2 月 18 日～2 月 20 日，
惊蛰 3 月 5 日～3 月 7 日，
春分 3 月 20 日～3 月 22 日，
清明 4 月 4 日～4 月 6 日，
谷雨 4 月 19 日～21 日。

夏：立夏 5 月 5 日～5 月 7 日，
小满 5 月 20 日～5 月 22 日，
芒种 6 月 5 日～6 月 7 日，
夏至 6 月 21 日～6 月 22 日，
小暑 7 月 6 日～7 月 8 日，
大暑 7 月 22 日～7 月 24 日。

秋：立秋 8 月 7 日～8 月 9 日，
处暑 8 月 22 日～8 月 24 日，
白露 9 月 7 日～9 月 9 日，
秋分 9 月 22 日～9 月 24 日，
寒露 10 月 8 日～10 月 9 日，
霜降 10 月 23 日～10 月 24 日。

冬：立冬 11 月 7 日～11 月 8 日，
小雪 11 月 22 日～11 月 23 日，
大雪 12 月 6 日～12 月 8 日，
冬至 12 月 21 日～12 月 23 日，
小寒 1 月 5 日～1 月 7 日，
大寒 1 月 20 日～1 月 21 日。

基本活动

介绍一种纸工针孔节气仪的制作，使你不看年历也能知道今天是什么节气。
制作
1. 剪下图纸 1。扇形部分的 X 边应根据观测所在地的纬度剪出（例如，当地是北纬 30°，就按从 a 点至标明 30° 刻度的边线剪下）。
2. 在标明"针孔"的"+"字处刺穿一个针孔。
3. 按虚线折弯图纸，短线虚线处向前折，点虚线处向后折。
4. 将标明相同数码处粘牢。
针孔节气仪的装配示意图 2。
使用
1. 事先根据北极星测定准确的正南北方向。

中国的阳历

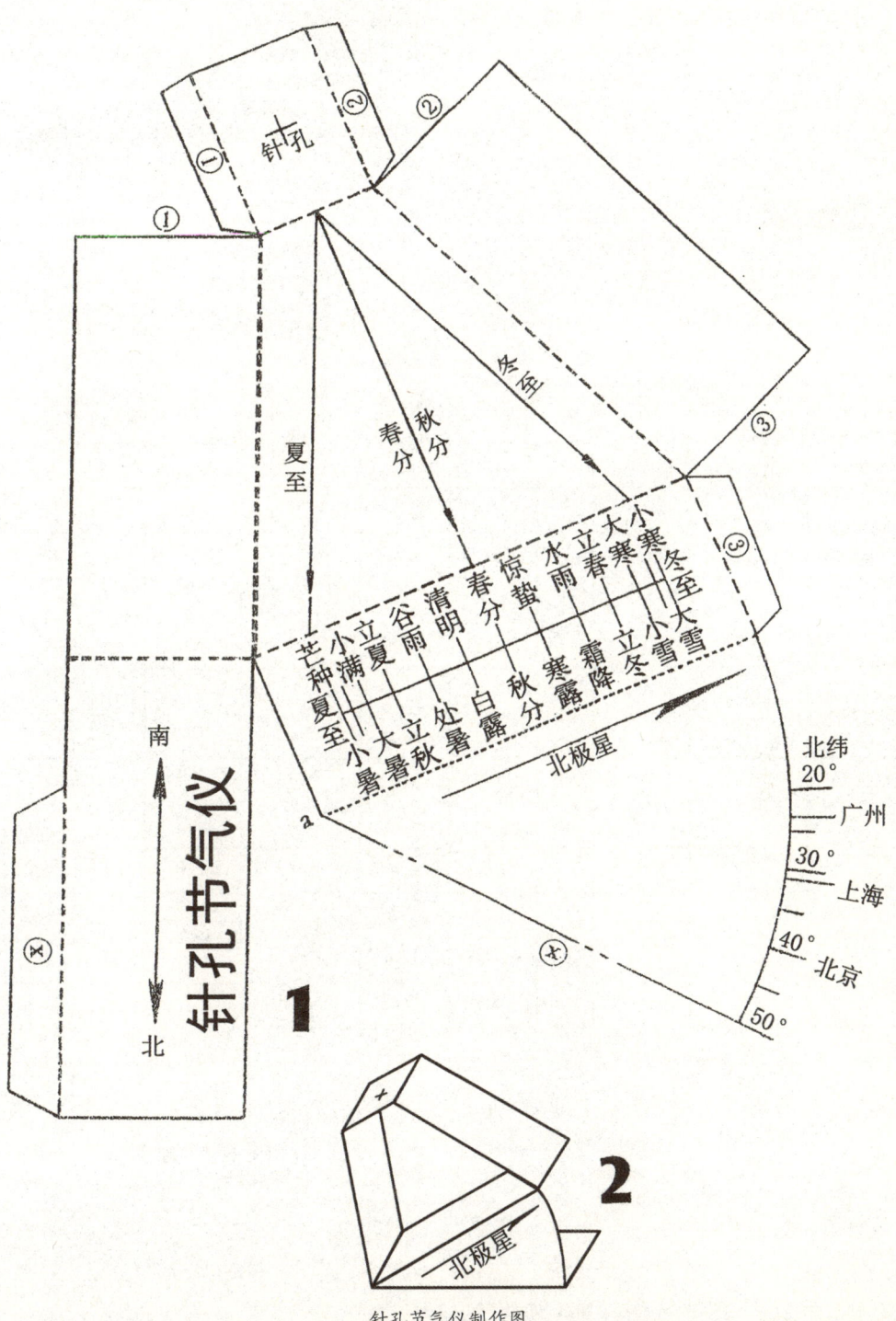

针孔节气仪制作图

2. 将针孔节气仪放在正南北方向线上，针孔向南。

3. 正午时，太阳光线通过针孔射到某个节气刻度上，表明今天处在什么节气的前后。

（闵乃世　供稿）

相关链接

1. 什么是二十四节气

二十四节气是我国古代将一年分为二十四个时间段的一种表述方法（见下表）。

二十四节气表

节气	阴历月份	黄经度	阳历		节气	阴历月份	黄经度	阳历	
			月	日				月	日
立春	正月	315°	2	3–5	惊蛰	二月	345°	3	5–7
雨水		330°		18–20	春分		345°		20–22
清明	三月	15°	4	4–6	立夏	四月	45°	5	5–7
谷雨		30°		19–21	小满		60°		20–22
芒种	五月	75°	6	5–7	小暑	六月	105°	7	6–8
夏至		90°		21–22	大暑		120°		22–24
立秋	七月	135°	8	7–9	白露	八月	165°	9	7–9
处暑		150°		22–24	秋分		180°		22–2
寒露	九月	195°	10	8–9	立冬	十月	225°	11	7–8
霜降		210°		23–24	小雪		240°		22–23
大雪	十一月	255°	12	6–8	小寒	十二月	285°	1	5–7
冬至		270°		21–23	大寒		300°		20–21

地球围绕太阳旋转，每转一圈为一个回归年，计 365 天。从天文学上说，太阳从黄经零度起，沿着黄经每运行 15 度的时日为一个节气，每年运行 360 度，共经历二十四个节气，也就是每个月有两个节气。仔细划分，其中又分两种情况：

一是节气，即每月第一个节气为节气，有立春、惊蛰、清明、立夏、芒种、小暑、立秋、白露、寒露、立冬、大雪和小寒。

一是中气，即每月第二个节气为中气，有雨水、春分、谷雨、小满、夏至、大暑、处暑、秋分、霜降、小雪、冬至和大寒。

节气和中气交替出现，每个都是十五天。过去对节气和中气有严格规定，现在已经混杂了，统称为节气。据史书记载："岁取星行一次，年取禾更一熟，时有春、夏、秋、冬四序，而每序各分孟、仲、季，以名共有十二月，五日一候，三候一气，六气一时，四时一岁，故一岁二十四气、七十二候。"意思是说，地球围绕太阳转一周为一岁，小麦成熟一次为一年，季节有春、夏、秋、冬四季，而每一季节又分为孟月、仲月、季月，这样四季就有十二个月；五天为一候，三候15天为一气，六气90天为一季，四季为一年，所以，一年有二十四节气，七十二候。

如果进一步分类，二十四节气又有四种类型：

一种是反映寒来暑往变化的，如立春、春分；立夏、夏至、立秋、秋分、立冬和冬至等八个节气。

一种是反映温度升降的，有小暑、大暑、处暑、小寒和大寒等五个节气。

一种是反映降雨量的，有雨水、谷雨、白露、寒露、霜降、小雪和大雪等七个节气。

一种是根据物候而确定农事活动的，有惊蛰、清明、小满和芒种等四个节气。

为了便于记忆，民间流传一首二十四节气歌：

春雨惊春清谷天，（立春、雨水、惊蛰、春分、清明、谷雨）

夏满芒夏两暑连，（立夏、小满、芒种、夏至、小暑、大暑）

秋处露秋寒霜降，（立秋、处暑、白露、秋分、寒露、霜降）

立雪雪冬小大寒，（立冬、小雪、大雪、冬至、小寒、大寒）

2. 二十四节气的科学性

怎么评价二十四节气呢？我们认为它有相当的科学性。

首先二十四节气符合地球围绕太阳公转的原理。众所周知，我国有两种历法：一种是太阳历，又称阳历（公历），它是地球绕太阳转一周，为365天48分46秒。一种是月亮历，又称阴历（农历），它是月亮绕地球转一周为一个月，十二个月为一年，朔望月29天12分44.3秒。一年354天。阴历最大月30天，小月29天。由于一年354天，没有一定排序，即有的月有两个节气，有的一个月仅有一个节气。现代天文学证实，地球绕太阳运转一周约为365天5时48分46秒，运行94000万公里。这个公转轨道人们称为黄道，现代天文学把和黄道垂直相交的黄经圈分为360°，划分为24等分，每分15°正是一个节气的时间。两个节气间相隔15天左右，全年即二十四个节气。

由于地球旋转的轨道面同赤道面不是一致的，而是保持一定的倾斜，所以一年四季太阳光直射到地球的位置也是不同的。以北半球来讲，太阳直射在北纬23.5度时，天文上就称为夏至；太阳直射在南纬23.5度时称为冬至，夏至和冬至即指已经到了夏、冬两季的中间了。一年中太阳两次直射在赤道上时，就分别

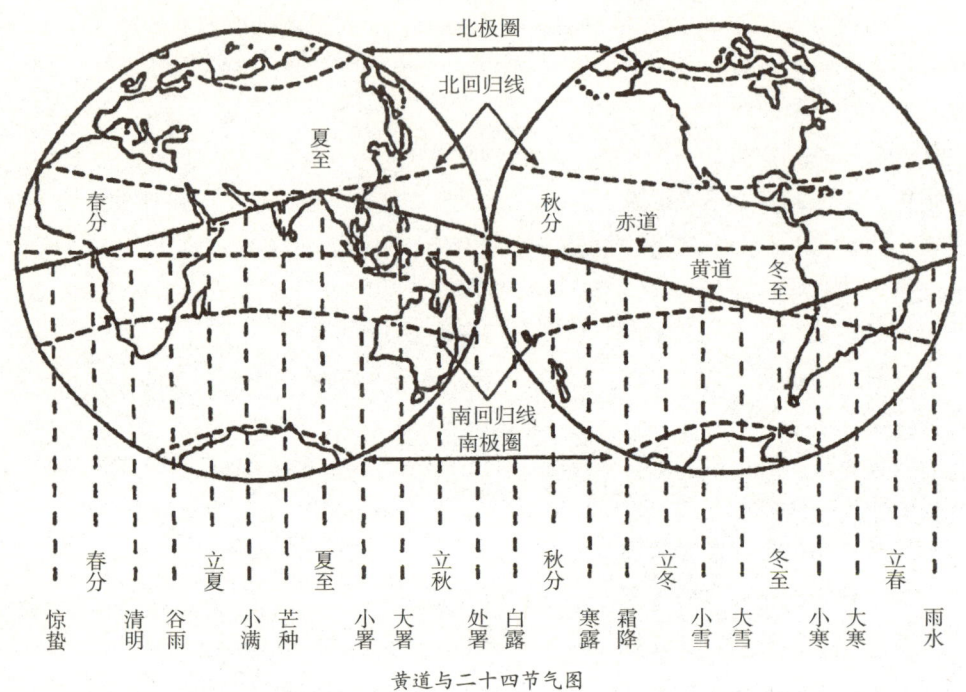

黄道与二十四节气图

为春分和秋分，这也就是到了春、秋两季的中间，这两天白昼和黑夜一样长。不过，节气的日期在阳历中是相对固定的，如立春总是在阳历的2月3日至5日之间。说明二十四节气的制定是比较科学的。但在农历中，节气的日期却不大好确定，再以立春为例，它最早可在上一年的农历十二月十五日，最晚可在下一年正月十五日。

我们之所以说二十四节气比较科学，是因为我国古人比较注意观察天时对农业的影响。《吕氏春秋》："凡农之道，候之为宝，夫稼，为之者人也，生之者地也，养之者天也。"西汉汜胜之《汜胜之书》也提到这方面的内容："凡耕之本在于趣时和土，得时之和，适地之宜，田虽薄恶收可亩十石。""颇天时，量地利，则用力少而收成多。"

这里所谓的天、天时，就是整个宇宙和地球表面的大气层。自然界中出现风、霜、雪，冷暖，晴阴等气象。风调雨顺则五谷丰登，旱涝风冻则减产或无收成。从农业角度来看，天就是农业气象条件。由此可知，二十四节气正是人们对古代农业气象条件有了相当认知才制订的，所以它具有科学性、实践性，久用不衰，沿用至今依然有一定生命力。

第二是掌握地力，即在大地上生长的动植物的生活规律，从中测量气候的变化。

在大自然界生长的各种植物、动物，都是有一定季节性活动规律，也就是与气候变化息息相关。相反，从动植物的变化，也能看到一年内不同时间的气候变化，所以，人们把上述动植物的变化称为物候。

我国是最早关注和应用物候的国家。从民族学资料看，原始人已经掌握不少物候知识，以便指导自己的生产活动。《诗经》："四月秀罗，五月鸣蜩。""八月剥枣，十月获稻。"在西汉已经出现了物候专著《夏小正》，该书详细地记录了物候、气象、天象和农事活动。正是在此基础上，才逐步形成了二十四节气。每个节气都有一定的物候现象，俗称"候应"。以二十四节气为例，其重要物候如下：

立春是东风解冻、蛰虫始振、鱼陟负冰。
雨水是獭祭鱼、候雁来、草木萌动。
惊蛰是桃始华、仓庚鸣、鹰化为鸠。
春分是元鸟至、雷乃发声、始电。
清明是桐始华、田鼠化为鴽、虹始见。
谷雨是萍始生、鸣鸠拂其羽、戴任降于桑。
立夏是蝼蝈鸣、蚯蚓出、王瓜生。
小满是苦菜秀、靡草死、麦秋至。
芒种是螳螂生、䴗始鸣、反舌无声。
夏至是鹿角解、蝉始鸣、半夏生。
小暑是温风至、蟋蟀居宇、鹰始鸷。
大暑是腐草为萤、土润溽暑、大雨时行。
立秋是凉风至、白露降、寒蝉鸣。
处暑是鹰乃祭鸟、天地始肃、禾乃登。
白露是鸿雁来、元鸟归、群鸟养羞。
秋分是雷始收声、蛰虫坏户、水始涸。
寒露是鸿雁来宾、雀入大水为蛤、菊有黄华。
霜降是豺乃祭兽、草木黄落、蛰虫咸俯。
立冬是水始冰、地始冻、雉入大水为蜃。
小雪是虹藏不见、天气上升地气下降、闭塞而成冬。
大雪是鹖鴠不鸣、虎始交、荔挺出。
冬至是蚯蚓结、麋角解、水泉动。
小寒是雁北乡、鹊始巢、雉始雊。
大寒是鸡始乳、征鸟厉疾、水泽腹坚。

第三是农业生产经验教训积累的产物。

在漫长的历史长河中，懂得天文历法的人是很少的。后来颁布的历书、历谱也是供有文化的人看的，一般农民并不识文断字，他们进行农业生产的知识，绝大部分是口传的，即父传子、子传孙，一代代传下来的，没有文字记录，全凭口传心记，也就是民间有一部口述史，它像黄河长江一样，长流不息，流传至今。

具体说到二十四节气，除了二十四节气歌、二十四节气农事歌外，还有大量的二十四节气农谚。从各地比较流行的二十四节气农谚可以看出，每个节气都有许多谚语，它们不仅告诫人们在一定节气应该种什么、收什么，而且告诫人们误了农时会遭到什么恶果。谚语所涉及的内容不只限于农事活动，还关系到手工业生产、衣食住行、民间信仰等等。这些谚语短小精悍、简明顺口，便于流传和记忆，是农民家喻户晓的知识宝库，他们不仅说得出来，而且像金科玉律似的照办，成为广大农民从事农业生产和生活的重要指南。

二十四节气谚语看起来简单，甚至有不少地区的局限性，但它是某一地区古代农民进行农业生产经验的积累，是进行有效生产的结晶。这些知识正是二十四节气文化的来源之一，又是二十四节气实践的见证。其中有不少科学道理是可以信赖的。

3. 二十四节气的地域性

应该指出，二十四节气并不是现代意义上的科学产物，它还存在着一些问题，如过于强调经验、地域性较强，甚至个别地方还存在一些迷信色彩。就以地域性来说，也是事出有因的。

我国幅员辽阔，从黑龙江省漠河到海南省南沙群岛，共跨有纬度49度32分，约5500公里，南北差别极大，如黑河一年无夏，福州以南一年无冬。就是在冬季里，海南省的温度为22℃，黑龙江则在零下30℃，两地相差52℃，如果希望二十四节气在上述范围内放之四海而皆准，这是根本不可能的，事实上二十四节气起源于中原地区。

二十四节气最初产生于黄河中、下游地区，主要反映了黄河流域农业生产与气候的关系。对于我国其他地区来说，二十四节气所反映的现象有些是适用的，基本符合各地的农业气候情况，但有些节气就不一定在各个地区都适用。因此，人们在应用节气安排农事活动时，要因地制宜，根据当地的具体情况来执行。以棉花的播种为例，华北是"清明早，小满迟，谷雨种棉正当时"；华中是"清明前，好种棉"；华东则是"棉花种在立夏前"。再说播种冬小麦，在江、淮流域是"秋分早，霜降迟，秋分小麦正当时"；在黄河流域是"白露早，寒露迟，秋分小麦正当时"；而在华北一带，则是"处暑早，秋分迟，白露小麦正当时"。

差异之所以如此大，主要原因是我国幅员辽阔，各地冷暖也就有先有后、有长有短。以陕西省来讲，关中、陕南"清明断雪，谷雨断霜"；陕北和秦岭山区的中高山地区"清明断雪不断霜，谷雨断霜不断雨"。就是在同一地区，不同年份的气候虽然大致相同，但也并不是完全相同的。

4. 二十四节气是中国的阳历

我们已经知道我国自古以来有两种历法并行：一为根据月亮与地球关系确定的阴历，今通称农历；一为根据地球与太阳的关系确定的二十四节气，即是中国的太阳历，却并无"阳历"之名，所以常常被人误以为也是阴历。

只要稍加注意就可发现，二十四节气与公历（阳历）完全一致。如清明，基本上是公历4月5日，有时会相差一天。又如立春2月4日，立夏5月6日，立秋8月8日，立冬11月8日，也是一定的，但2005年和2006年的立夏、立秋、立冬都早了一日。反正是最多一二日之差，而与阴历测毫不相干。中国人称阴历为农历，尤为不通之至，且此称至今不废，亦为奇事。但没有一个农民在农事上会根据农历行事，而必然按节气而行。

汉朝，分至（即春分、秋分、夏至、冬至）日是法定假日，大小官员都停止办公，称"休吏"。《汉书·薛宣、朱博传》述贤相薛宣赏罚分明，又体恤下属与百姓。书中有一节与节气事相关：

及日至（农按：夏至或冬至日）休吏，贼曹掾张扶独不肯休，坐曹治事。宣出教曰："盖礼贵和，人道尚通。日至，吏以令休，所由来久。曹虽有公职事，家亦望私恩意，掾宜从众，归对妻子，设酒肴，请邻里，一笑相乐，斯亦可矣。"扶惭愧，官属善之。

"所由来久"句，可知此俗沿之已久。这位薛丞相并不赞成公务员自行加班，而是鼓励他们在假日与家属邻里欢聚，真够得上人性化！

古时不仅农事看节气，连吏事也随节气，可知二十四节气在人们心目中的传统意义。

拓展思考题

1. 为什么把二十四节气列为重要的非物质文化遗产？
2. 你知道多少种风俗技艺（动手做）和风俗游戏吗？
3. 你能用节气仪测算地理经度吗？